Boubakeur Benahmed

Méthodes quasi-Newton et applications

Boubakeur Benahmed

Méthodes quasi-Newton et applications

Equations matricielles et systèmes linéaires infinis

Presses Académiques Francophones

Impressum / Mentions légales
Bibliografische Information der Deutschen Nationalbibliothek: Die Deutsche Nationalbibliothek verzeichnet diese Publikation in der Deutschen Nationalbibliografie; detaillierte bibliografische Daten sind im Internet über http://dnb.d-nb.de abrufbar.
Alle in diesem Buch genannten Marken und Produktnamen unterliegen warenzeichen-, marken- oder patentrechtlichem Schutz bzw. sind Warenzeichen oder eingetragene Warenzeichen der jeweiligen Inhaber. Die Wiedergabe von Marken, Produktnamen, Gebrauchsnamen, Handelsnamen, Warenbezeichnungen u.s.w. in diesem Werk berechtigt auch ohne besondere Kennzeichnung nicht zu der Annahme, dass solche Namen im Sinne der Warenzeichen- und Markenschutzgesetzgebung als frei zu betrachten wären und daher von jedermann benutzt werden dürften.

Information bibliographique publiée par la Deutsche Nationalbibliothek: La Deutsche Nationalbibliothek inscrit cette publication à la Deutsche Nationalbibliografie; des données bibliographiques détaillées sont disponibles sur internet à l'adresse http://dnb.d-nb.de.
Toutes marques et noms de produits mentionnés dans ce livre demeurent sous la protection des marques, des marques déposées et des brevets, et sont des marques ou des marques déposées de leurs détenteurs respectifs. L'utilisation des marques, noms de produits, noms communs, noms commerciaux, descriptions de produits, etc, même sans qu'ils soient mentionnés de façon particulière dans ce livre ne signifie en aucune façon que ces noms peuvent être utilisés sans restriction à l'égard de la législation pour la protection des marques et des marques déposées et pourraient donc être utilisés par quiconque.

Coverbild / Photo de couverture: www.ingimage.com

Verlag / Editeur:
Presses Académiques Francophones
ist ein Imprint der / est une marque déposée de
AV Akademikerverlag GmbH & Co. KG
Heinrich-Böcking-Str. 6-8, 66121 Saarbrücken, Deutschland / Allemagne
Email: info@presses-academiques.com

Herstellung: siehe letzte Seite /
Impression: voir la dernière page
ISBN: 978-3-8416-2179-5

Copyright / Droit d'auteur © 2013 AV Akademikerverlag GmbH & Co. KG
Alle Rechte vorbehalten. / Tous droits réservés. Saarbrücken 2013

Remerciements

L'aboutissement de ma thèse d'état n'a pas été sans difficulté, mais l'aide de mon directeur de thèse, Professeur Hocine Mokhtar-Kharroubi de l'université d'Oran (Algérie),fût déterminante ; pour cela je le remercie bien vivement.

J'exprime toute ma gratitude à Monsieur le Professeur Adnan Yassine, de l'université du Havre (France) pour m'avoir accueilli dans son laboratoire LMAH pendant une année et pour l'intérêt qu'il a porté à mon travail.

Un grand merci à mes deux collègues, Mademoiselle Khadra Nachi et Monsieur Mohamed Benharrat, pour leur aide précieuse à mettre ce livre selon le format demandé.

Table des matières

Introduction 1

1 Méthodes quasi-Newtoniennes dans les Hilberts et équations 5
1.1 Introduction 5
    1.1.1 Vitesses de convergence 5
1.2 Méthode de Newton 6
1.3 Méthodes quasi-Newtoniennes 9
    1.3.1 Les deux formes des méthodes quasi-Newtoniennes 9
1.4 Opérateurs de corrections 10
    1.4.1 Opérateur dyadic 10
    1.4.2 Opérateurs de rang finis 11
    1.4.3 Les mises à jour classiques 13
    1.4.4 Inversion d'opérateurs à correction de rang fini 17
1.5 Analyse des vitesses de convergence 19
    1.5.1 Convergence linéaire 20
    1.5.2 Convergence Superlinéaire. 26

2 Méthodes quasi-Newtoniennes en optimisation 36
2.1 Introduction 36
    2.1.1 Quelques rappels sur les conditions d'optimalité 37
    2.1.2 Méthode de Newton 39
2.2 Méthodes de quasi-Newton 40
    2.2.1 Résolution du système (SQP) 40
2.3 Convergence locale et vitesses de convergence 42
    2.3.1 convergence linéaire 42
    2.3.2 Convergence superlinéaire 44
2.4 Analyse de la convergence globale 45
    2.4.1 Calcul du pas de recherche 47

3 Les méthodes de quasi-Newton et problèmes de grande taille 49
3.1 Introduction 49

3.2		Méthodes BFGS à mémoire limitée	50
	3.2.1	Formule récursive et complexité	51
	3.2.2	Représentation compacte	52
3.3		Méthodes à mises à jour préservant la structure creuse	54
3.4		Méthodes à mises à jour pour fonctions partiellement séparables	54
3.5		Méthodes quasi-Newtoniennes par blocs	56
	3.5.1	Application aux problèmes de grande taille	61
3.6		Sur quelques codes de résolution	63
	3.6.1	Le code $l-BFGS$	63
	3.6.2	Le code $l-BFGS-B$	63
	3.6.3	Le code $NOPTIQ$	63
	3.6.4	Le code $LANCELOT$	63
	3.6.5	Le code $SNOPT$	64

4 Résolutions itératives des équations matricielles   65

4.1		Introduction	65
4.2		Préliminaires	66
4.3		Exemples d'équations matricielles	67
	4.3.1	Equations matricielles linéaires (Equations de Sylvester) :	67
	4.3.2	Equations matricielles non linéaires	68
4.4		Résolutions itératives de l'équation de Riccati	70
	4.4.1	La méthode de Newton	71
4.5		Méthodes de quasi-Newton	77
	4.5.1	Convergence locale superlinéaire	77
	4.5.2	Mise en oeuvre	78
	4.5.3	Représentation matricielle de l'opérateur dyadic	79
	4.5.4	Convergence globale superlinéaire	80
4.6		Quelques codes sous Matlab	81
	4.6.1	Le code $lyap$	81
	4.6.2	Le code $care$	82

5 Résolution des systèmes d'équations linéaires infinis   83

5.1		Introduction	83
5.2		Préliminaires	84
5.3		Quelques résultats sur la théorie des matrices infinies	85
	5.3.1	L'algèbre de Banach $\mathcal{B}(l_p(\alpha))$ avec $1 \leq p < \infty$	85
	5.3.2	Les algèbres de Banach S_α et $\mathcal{B}(\mathcal{X})$ où $\mathcal{X} = s_\alpha, \overset{\circ}{s_\alpha}$, ou $s_\alpha^{(c)}$	86
	5.3.3	Application aux matrices infinies tridiagonales	87

5.4	Méthodes de section finie	90
	5.4.1 Première méthode d'approximation d'une solution d'un système linéaire infini	91
	5.4.2 Deuxième méthode d'approximation	92
5.5	Application des méthodes quasi-Newtoniennes aux systèmes linéaires infinis	94

Notations

$\mathbb{N}$: Ensemble des entiers naturels ;
$\mathbb{R}$: Ensemble des nombres réels ;
$\mathbb{R}_+$: Ensemble des nombres réels positifs ou nuls ;
$\mathbb{R}^n$: Espace euclidien à n dimension ;
$\mathbb{R}^{n\times m}$: Espace des matrices réelles d'ordre $(n \times m)$;
$\mathcal{L}(X, Y)$: Espace des opérateurs linéaires bornés de X dans Y ;
$\mathcal{L}(X)$: Espace des opérateurs linéaires bornés de X dans lui même ;
$C(X, Y)$: Espace des fonctions continues de X dans Y ;
$C^p(X, Y)$: Espace des fonctions $p-$fois continûment Fréchet différentiables de X dans Y ;
$C^p(\Omega)$: Espace des fonctions à valeurs réelles $p-$fois continûment Fréchet différentiables ;
0_X : Le zéro de l'espace vectoriel X ;
$x \otimes y$: Le produit dyadic ;
$KerT$: Noyau de l'opérateur T ;
ImT : Image de l'opérateur T ;
$rg(T) := \dim ImT$: Rang de l'opérateur T ;
$\sigma(T)$: Spectre de l'opérateur T ;
$\mathcal{L}in(y_1, ..., y_n)$: Sous espace des combinaisons linéaires des vecteurs $y_i, i = 1, ..., n$;
$A^\perp$: Sous espace orthogonal à la partie A ;
X^* : Dual topologique de l'espace X ;
T^* : Adjoint de l'opérateur T ;
$M^\top$: Transposée de la matrice M ;
I_n : Matrice identité d'ordre n ;
$\langle x, y \rangle_X$: Produit scalaire dans l'espace de Hilbert X ;
$\langle x, y \rangle$: Produit scalaire dans l'espace de Hilbert X, si aucune confusion n'est à craindre ;
$\langle x, y \rangle_{X \times X^*}$: Produit de dualité entre X et son dual X^* ;
$\|x\|_X$: Norme de x dans l'espace de Banach X ;
$\|x\|$: Norme de x, si aucune confusion n'est à craindre ;
$g(x) = o(f(x)), x \to a \iff g(x)/f(x) \to 0$ quand $x \to a$;
$g(x) = O(f(x)), x \to a \iff \|g(x)\| \leq constante \|f(x)\|, \forall x$ dans un voisinage de a ;
$B(x, r) := \{y \in X : \|y - x\| < r\}$ la boule ouverte de centre x et de rayon r ;

$\overline{B}(x,r) := \{y \in X : \|y-x\| \leq r\}$ la boule fermée de centre x et de rayon r ;
f' : Dérivée de Fréchet de la fonction f ;
$f'_x(x,y)$: Dérivée partielle de f par rapport à x ;
$f''_x(x,y)$: Dérivée partielle seconde de f par rapport à x ;
$\{x_k\}_{k \in K}$: Suite de vecteurs x_k, $k \in K$;
$\{x_k\}$: Suite de vecteurs x_k, si aucune confusion n'est à craindre ;
$x_k \to x$: Convergence en norme ;
$x_k \rightharpoonup x$: Convergence faible.

Introduction

Si les méthodes quasi-Newtoniennes sont bien connus en dimension finie (voir, par exemples, [4], [72]), elles le sont moins en dimension infinie. Les problèmes de type contrôle optimal, de calcul des variations, d'identification des systèmes, ou d'équations intégrales, sont naturellement posés en dimension infinie ; aussi de nombreux auteurs (par exemple, [41], [74], [83], [84]) ont proposé l'extension des méthodes quasi-Newton aux espaces de Hilbert. Cette extension fait, de manière essentielle, usage d'un opérateur dit dyadic.

Sachant qu'un problème d'optimisation peut, sous certaines conditions, être ramené à la résolution des équations que donnent les conditions d'optimalité, l'analyse de convergence sera d'abord étudiée pour les équations, puis adaptée aux problèmes d'optimisation. Les deux études locale et globale seront envisagées.

Pour X et Y des espaces de Hilbert et $F : X \to Y$ Fréchet différentiable, on considère l'équation $F(x) = 0$. Rappelons brièvement le principe de la méthode de Newton et les principales motivations des méthodes de quasi-Newton.

Principe de la méthode de Newton

Pour $x_k \in X$, avec $F(x_k) \neq 0$, on recherche un pas $s_k \in X$ tel que

$$F(x_k + s_k) = o(\|s_k\|),$$

c'est à dire

$$F(x_k) + F'(x_k)(s_k) = 0,$$

ce qui nécessite de résoudre l'équation en s_k

$$F'(x_k)(s_k) = -F(x_k) \tag{1}$$

et si $F'(x_k)$ est inversible alors s_k est explicitement donné par

$$s_k = -F'(x_k)^{-1} F(x_k), \quad \text{et} \quad x_{k+1} = x_k + s_k.$$

L'objectif essentiel des méthodes quasi-Newtoniennes est précisément d'éviter les inconvénients de la méthode de Newton, à savoir l'inversion de $F'(x_k)$ ou la résolution de l'équation (1).

Principe des méthodes quasi-Newton

$[F'(x_k)]^{-1}$ est approché par un opérateur H_k tel que

$$x_{k+1} = x_k + s_k \text{ et } s_k = -H_k F(x_k) \text{ avec}$$
$$H_{k+1} = H_k + D_k,$$

où

1) la correction D_k est systématique sous la forme d'un opérateur de rang *un* ou *deux*,

2) H_{k+1} doit satisfaire l'équation dite sécante :

$$H_{k+1}(F(x_{k+1}) - F(x_k)) = s_k,$$

Les opérateurs de corrections sont construits de rang un ou deux, grâce à un opérateur dit dyadic. Nous montrerons qu'en fait, il n'est pas nécessaire de se limiter aux opérateurs de *rang* ≤ 2 et à cette occasion, nous caractériserons complètement les opérateurs de rang finis en proposant un algorithme simple pour calculer le rang.

L'analyse de la convergence des méthodes quasi-Newtoniennes en dimension infinie Hilbertienne a fait l'objet de nombreux travaux. La convergence locale linéaire est obtenue comme généralisation à la dimension infinie d'un théorème de Broyden et al. [13] en dimension finie. C'est à Dennis-Moré [25] que nous devons la condition caractéristique de la convergence superlinéaire en dimension finie

$$\lim_{k \to \infty} \frac{\|(B_k - F'(x^*))s_k\|}{\|s_k\|} = 0.$$

Le cas de la dimension infinie (voir définition.1 (c)) est plus complexe, comme l'a très bien illustré Stoer [77], par des exemples. Cependant, la contribution de Grauver et Sachs [38] reste fondamentale, puisqu'ils montrent que la condition de Dennis-Moré est également caractéristique en dimension infinie.

Dans la littérature, il apparait clairement que c'est la méthode de Broyden ([11, 12, 13, 74],...) qui a reçu le plus d'attention et c'est Griewank (1987)

[37] qui a montré que la convergence superlinéaire de celle-ci est assurée sous l'hypothèse supplémentaire que l'opérateur $E_0 = B_0 - [F'(x^*)]$ soit compact.

Pour le cas d'une mise à jour quelconque, l'hypothèse de compacité collective des opérateurs $\{E_k = B_k - F'(x^*)\}$ bien que suffisante pour assurer la condition de Dennis-Moré, reste difficile à vérifier.

Sachant qu'un problème d'optimisation peut, sous certaines conditions, être ramené à la résolution des équations que donnent les conditions d'optimalité, l'analyse de la convergence locale faite pour les équations sera adaptée aux problèmes d'optimisation. L'étude de la convergence globale sera aussi envisagée.

Les problèmes d'optimisation concrets sont, en général, non linéaires et de grande taille; citons par exemple les problèmes de l'ingénieur, qui en général sont modélisés sous forme de problèmes de résolution d'équations différentielles ordinaires et/ou aux dérivées partielles ou de contrôle (stabilisation) de celles-ci; et qui pratiquement passent par une phase de discrétisations en espace et/ou temps, donnant lieu à des problèmes de grande taille.

Si les méthodes de quasi-Newton sont applicables avec succès aux problèmes de taille modérée, voir [72], il n'en va pas de même pour les problèmes de grande taille, car l'espace mémoire requis pour stocker les approximations du hessien ou de son inverse devient vite prohibitif lorsque n est grand. Des modifications et des extensions de ces méthodes ont donc été développées pour ce type de problèmes; nous propososons, pour notre part, une nouvelle approche qui utilise la décomposition en blocs des matrices d'approximations H_k (respectivement, B_k), qui sont alors de grande taille.

La synthèse optimale dans les problèmes de contrôle linéaire-quadratique à horizon infini donne lieu à des résolutions d'équations matricielles algébriques dites de Riccati [1]. Les équations matricielles interviennent aussi dans certains problèmes des finances et de transport, ([43, 44]). Nous proposons, de les résoudre par des méthodes de quasi-Newton; nous démontrerons alors, la convergence superlinéaire de ces méthodes du fait que l'espace de travail est de dimension finie.

Comme application importante des méthodes de quasi-Newton, nous proposons une approche par ces méthodes de l'étude et de la résolution des systèmes dits linéaires infinis, représentés par l'équation matricielle $AX = B$ où A est une matrice infinie, B et X sont des matrices colonnes infinies et X est l'inconnue. Une présentation détaillée sera faite à cette occasion.

Le travail s'articule autour de cinq chapitres ; le premier sera consacré aux méthodes quasi-newtoniennes en dimension infinie hilbertienne pour les équations générales, alors que le second sera une adaptation des résultats du premier chapitre aux problèmes généraux d'optimisation.

Dans le troisième chapitre, nous rappelons les quelques méthodes existantes pour la résolution des problèmes de grande taille généraux avec leurs limites puis nous proposerons quant à nous une méthode de décomposition par blocs des matrices de grandes tailles.

La résolution des équations matricielles sera étudiée exclusivement au chapitre 4 avec une application aux équations algébriques de Riccati. Nous établirons alors la convergence superlinéaire de ces méthodes.

Enfin, un cinquième et dernier chapitre sera consacré aux systèmes linéaires infinis.

Chapitre 1

Méthodes quasi-Newtoniennes dans les Hilberts et équations

1.1 Introduction

Les problèmes de type contrôle optimal, de calcul des variations, d'identification des systèmes, d'équations intègrales, ou d'équations intégro-différentielles, sont naturellement posés en dimension infinie ; aussi de nombreux auteurs (par exemples : [41], [74], [83], [84]) ont-ils proposé l'extension des méthodes quasi-Newton aux espaces de Hilbert.

Cette extension fait, de manière essentielle, usage d'un opérateur dit dyadic, auquel sera consacré une étude.

Pour cela, quelques rappels sur les notions de vitesses de convergence d'une suite dans le cadre général des espaces vectoriels normés ($e.v.n$) sont nécessaires.

1.1.1 Vitesses de convergence

Pour X un $e.v.n$ de norme $\|\cdot\|$, on considère une suite $\{x_k\} \subset X$ de limite $x^* \in X$.

Définition 1.1. *[38] La vitesse de convergence est dite :*

(a) linéaire *s'il existe $\gamma \in (0,1)$ et $k_0 \in \mathbb{N}$ tels que*

$$\|x_{k+1} - x^*\| \leq \gamma \|x_k - x^*\|, \forall k \geq k_0 \tag{1.1}$$

(b) quadratique *s'il existe* $\gamma \in \mathbb{R}, k_0 \in \mathbb{N}$ *tels que*

$$\|x_{k+1} - x^*\| \leq \gamma \|x_k - x^*\|^2, \forall k \geq k_0 \tag{1.2}$$

(c) *superlinéaire si*

$$\lim_{k \to \infty} \frac{\|x_{k+1} - x^*\|}{\|x_k - x^*\|} = 0 \tag{1.3}$$

(d) *faiblement superlinéaire si* $\forall l \in X^*$ *(dual topologique de X)*:

$$\lim_{k \to \infty} \frac{\langle l, x_{k+1} - x^* \rangle_{X,X^*}}{\|x_k - x^*\|} = 0 \tag{1.4}$$

où $\langle \cdot, \cdot \rangle_{X,X^*}$ *désigne le produit de dualité entre X et X^*.*

Remarque 1.1. *1) Les situations (c) et (d) coïncident quand X est de dimension finie.*

2) Il est aisé de voir que (b) $\Rightarrow$ (c) $\Rightarrow$ (d) $\Rightarrow$ (a).

Pour X et Y des espaces de Hilbert et $F : X \to Y$, Fréchet différentiable, on se propose d'analyser les méthodes de résoluiton de l'équation :

$$F(x) = 0 \tag{1.5}$$

La plus répandue dans les applications est la méthode de Newton (voir, par exemples : [72], [51], [62]), que nous rappelons ci-dessous :

1.2 Méthode de Newton

On procède comme suit :

Si $F(x_k) \neq 0$, la correction $s_k \in X$ est recherchée de façon à satisfaire

$$F(x_k + s_k) = F(x_k) + F'(x_k)(s_k) + o(\|s_k\|) = o(\|s_k\|),$$

c'est à dire

$$F(x_k) + F'(x_k)(s_k) = 0, \tag{1.6a}$$

et si $F'(x_k)$ est inversible alors s_k est explicitement donné par

$$s_k = -F'(x_k)^{-1} F(x_k), \qquad (1.7)$$

et le point suivant sera

$$x_{k+1} = x_k + s_k. \qquad (1.8)$$

Remarque 1.2. *Le calcul de l'inverse de la dérivée $F'(x_k)$ peut être évité en recherchant s_k comme solution de l'équation linéaire*

$$F'(x_k).s_k = -F(x_k). \qquad (1.9)$$

Définition 1.2. *Une méthode itérative engendrant une suite $\{x_k\}$ est dite bien définie dans $S \subset X$, si lorsque $x_0 \in S$ alors $x_k \in S$, $\forall k \geq 0$.*

Définition 1.3. *Une fonction $f : X \to Y$ est dite Lipchitz continue sur $\Omega \subset X$, et on notera LipC, s'il existe une constante $L > 0$ telle que*

$$\|f(x) - f(y)\| \leq L \|x - y\|, \forall x, y \in \Omega.$$

C'est à Kantorovich (1948) [45] qu'on doit, dans un cadre Banachique, le premier théorème de convergence semi-locale de la méthode de Newton.

Théorème 1.1. *(Kantorovich [45],[90])*

Pour $\Omega \subseteq X$ un ouvert convexe et $F : \Omega \subseteq X \to Y$ Fréchet différentiable, on suppose que

(1) La dérivée $F'(\cdot)$ est LipC sur Ω,

(2) $\exists x_0 \in \Omega$ tel que $F'(x_0)^{-1}$ existe et $\exists \beta > 0, \eta > 0$ tels que

$\|F'(x_0)^{-1}\| \leq \beta$ *et* $\|F'(x_0)^{-1} F(x_0)\| \leq \eta$ *avec* $h := L\beta\eta \leq 1/2$,

(3) $\overline{B}(x_0, t^*) \subseteq \Omega$ où

$$t^* = \frac{2\eta}{1 + \sqrt{1-2h}}$$

Alors

(i) La méthode de Newton est bien définie sur $B(x_0, t^*)$ et $\{x_k\}$ converge vers une solution x^* de $F(x) = 0$.

(ii) La solution est unique dans

$$\begin{cases} B(x_0, t^{**}) \cap \Omega & \text{si } 2h < 1, \\ \overline{B}(x_0, t^{**}) \cap \Omega & \text{si } 2h = 1, \end{cases}$$

où $t^{**} = (1+\sqrt{1-2h})/L\beta$.

(iii) *L'estimation de l'erreur est donnée par*

$$\|x^* - x_k\| \leq \frac{2\eta_k}{1+\sqrt{1-2h_k}} \leq 2^{1-k}(2h)^{2^k-1}\eta, k \geq 0,$$

où $\{\eta_k\}$, $\{h_k\}$ sont définies par les relations de récurrence :

$$\begin{cases} \beta_0 = \beta, \ h_0 = h, \\ \beta_k = \dfrac{\beta_{k-1}}{1-h_{k-1}}, \ \eta_k = \dfrac{h_{k-1}\eta_{k-1}}{2(1-h_{k-1})}, \ h_k = L\beta_k\eta_k, \ k \geq 1. \end{cases}$$

Remarque 1.3. *1) L'existence de la solution x^* est une conséquence des hypothèses.*

2) L'hypothèse la plus importante concerne l'existence de η telle que

$$\|F'(x_0)^{-1}F(x_0)\| \leq \eta \quad et \quad L\beta\eta \leq 1/2,$$

qui ne peut être assurée, pour un β tel que $\|F'(x_0)^{-1}\| \leq \beta$ que si $\|F(x_0)\|$ est "petit", i.e. x_0 "proche" d'une solution de $F(x) = 0$.

Le résultat suivant donne la convergence locale quadratique de la méthode de Newton.

Proposition 1.1. *[90] On suppose que :*

(1) $\exists x^* \in \Omega$ tel que $F(x^*) = 0$ et $F'(x^*)^{-1}$ existe.

(2) La dérivée de Fréchet, $F'(\cdot)$ existe dans un voisinage ouvert U de x^* et est LipC, c'est à dire

$$\|F'(x) - F'(y)\| \leq L\|x-y\|, \forall x, y \in U. \tag{1.10}$$

Alors $\exists \delta > 0$ tel que pour $x_0 \in \overline{B}(x^*, \delta)$,

(i) la suite $\{x_k\}$ engendrée à partir de x_0 par (1.8)-(1.9) est bien définie dans $\overline{B}(x^*, \delta)$,

(ii) $\{x_k\}$ converge vers x^* avec les estimations suivantes :

$\exists M > 0$, dépendant de δ et de L, tel que :

$$\|x_k - x^*\| \leq M\|x_{k-1} - x^*\|^2. \tag{1.11}$$

Remarque 1.4. *1) Bien que quadratique, la convergence est locale.*

2) En toute circonstance, il est nécessaire sinon d'inverser $F'(x_k)$, au moins de résoudre en s_k l'équation $F'(x_k).s_k = -F(x_k)$, ce qui peut être numériquement coûteux.

Pour plus de détails sur la méthode de Newton, nous renvoyons à l'article de synthèse de Yamamoto (2000) [89].

1.3 Méthodes quasi-Newtoniennes

Un des avantages essentiels des méthodes quasi-Newtoniennes est d'éviter, pour la détermination du pas s_k, les deux étapes suivantes :

1) le calcul effectif des inverses $F'(x_k)^{-1}$,

2) ou bien, la résolution en s_k des équations :
$$F'(x_k).s_k = -F(x_k).$$

1.3.1 Les deux formes des méthodes quasi-Newtoniennes

Forme dite de type B (ou forme B)

Elle consiste à approximer, l'opérateur $F'(x_k)$ par un opérateur B_k inversible et procède comme suit :

$$B_k s_k = -F(x_k) \quad \text{et} \quad x_{k+1} = x_k + s_k, \tag{1.12}$$
$$\text{i.e.} \quad x_{k+1} = x_k - B_k^{-1} F(x_k) \tag{1.13}$$
$$\text{où} \quad B_{k+1} = B_k + T_k. \tag{1.14}$$

La mise à jour dans (1.14) est telle que

1) T_k est une correction systématique, construite à partir de x_k, x_{k+1} et B_k, en général, de rang *un* ou *deux*.

2) B_{k+1} doit satisfaire l'équation dite sécante :
$$B_{k+1} s_k = F(x_{k+1}) - F(x_k). \tag{1.15}$$

Forme dite de type H (ou forme H)

Elle consiste à approximer, l'opérateur $[F'(x_k)]^{-1}$ par un opérateur H_k et procède comme suit :

$$s_k = -H_k F(x_k) \quad \text{et} \quad x_{k+1} = x_k + s_k, \tag{1.16}$$
$$i.e., \quad x_{k+1} = x_k - H_k F(x_k) \tag{1.17}$$
$$\text{où} \quad H_{k+1} = H_k + D_k, \tag{1.18}$$

où la mise à jour dans (1.18) est telle que

1) D_k est une correction systématique, construite à partir de x_k, x_{k+1} et H_k, en général, de *rang un* ou *deux*,

2) H_{k+1} doit satisfaire l'équation dite sécante :

$$H_{k+1}(F(x_{k+1}) - F(x_k)) = s_k. \tag{1.19}$$

Remarque 1.5. *Il est clair que* : $H_k = B_k^{-1}, \forall k \geq 0$.

1.4 Opérateurs de corrections

Les opérateurs de corrections sont construits de rang un ou deux grâce à un opérateur dit dyadic.

1.4.1 Opérateur dyadic

Dans ce qui suit, X et Y désignent deux espaces de Hilbert de produits scalaires respectifs $\langle \cdot, \cdot \rangle_X$ et $\langle \cdot, \cdot \rangle_Y$.

La généralisation des méthodes quasi-Newtoniennes à la dimension infinie hilbertienne semble dûe à Horwitz- Sarachik (1968) [41] et Sachs (1986) [74], et l'élément essentiel pour cela est le produit extérieur (nous dirons dyadique), défini par :

Définition 1.4. *Soient $x \in X$, $y \in Y$, on appelle opérateur dyadique, l'opérateur $x \otimes y \in \mathcal{L}(Y, X)$ defini par :*

$$(x \otimes y)z = \langle y, z \rangle_Y x, \forall z \in Y. \tag{1.20}$$

On notera également cet opérateur par $\langle y, \cdot \rangle_Y x$.

Proposition 1.2. *Soient $x \in X$ et $y \in Y$,*

i) L'opérateur $\otimes : X \times Y \to \mathcal{L}(Y, X)$ est bilinéaire.

ii) $\|x \otimes y\| = \|x\|\|y\|$.

iii) $Ker(x \otimes y) = \mathcal{L}in(y)^T$, $Im(x \otimes y) = \mathcal{L}in(x)$.

Et si $X = Y$, alors

iv) $(x \otimes y)^* = (y \otimes x)$,

v) $\forall A \in \mathcal{L}(X)$ alors $A \circ (x \otimes y) = (Ax) \otimes y$ et $(x \otimes y) \circ A^* = x \otimes (Ay)$.

vi) $\forall x_1, x_2 \in X$ et $\forall y_1, y_2 \in X$ alors

$$(x_1 \otimes y_1) \circ (x_2 \otimes y_2) = \langle y_1, x_2 \rangle (x_1 \otimes y_2).$$

Démonstration. Etant facile, nous l'omettons. ∎

Remarque 1.6. *Si X et Y sont de dimension finie alors $x \otimes y$ représente simplement la matrice xy^T.*

1.4.2 Opérateurs de rang finis

Définition 1.5. *Un opérateur $T : X \to Y$ est dit de rang fini égal à p si $\dim Im(T) = p$ et on note $rg(T) = p$.*

Opérateurs de *rang* ≤ 2

Dans les formules de mise à jour $M_{k+1} = M_k + C_k$ (forme B ou forme H), l'opérateur de correction C_k est, en général, supposé de *rang* ≤ 2 (*un* ou *deux*); c'est Gruver et Sachs [38] qui ont démontré que C_k est caractérisé par

$$C_k = a_1 \otimes b_1 + a_2 \otimes b_2. \tag{1.21}$$

où $a_1, a_2 \in Y$ et $b_1, b_2 \in X$.

Le résultat suivant donne l'inverse de B_{k+1} (resp., H_{k+1}) à partir de celui de B_k (resp., H_k).

Théorème 1.2. *[38] Soient $M \in \mathcal{L}(X,Y)$ un opérateur inversible, $a_1, a_2 \in Y$ et $b_1, b_2 \in X$ alors l'opérateur corrigé :*

$$\overline{M} = M + a_1 \otimes b_1 + a_2 \otimes b_2,$$

est inversible si et seulement si $\sigma \neq 0$ avec

$$\begin{aligned}\sigma &= (1 + \langle b_1, M^{-1}a_1\rangle)(1 + \langle b_2, M^{-1}a_2\rangle) \\ &\quad - \langle b_1, M^{-1}a_2\rangle \langle b_2, M^{-1}a_1\rangle,\end{aligned} \tag{1.22}$$

on a alors
$$\overline{M}^{-1} = M^{-1} - \sigma^{-1} M^{-1}[(1 + \langle b_2, M^{-1}a_2\rangle)(a_1 \otimes b_1) - \langle b_1, M^{-1}a_2\rangle(a_1 \otimes b_2) -$$

$$(1 + \langle b_1, M^{-1}a_1\rangle)(a_2 \otimes b_2) - \langle b_2, M^{-1}a_1\rangle(a_2 \otimes b_1) - \langle b_2, M^{-1}a_1\rangle(a_2 \otimes b_1)]M^{-1}.$$

Où $\langle \cdot, \cdot \rangle$ désigne le produit scalaire de X.

Pour le cas des mises à jour de *rang un*, le Théorème (1.2) se simplifie considérablement.

Corollaire 1.1. *Soient $M \in \mathcal{L}(X,Y)$ un opérateur inversible, $u \in Y$ et $v \in X$. Alors $\overline{M} = M + u \otimes v$ est inversible si et seulement si*

$$\sigma := 1 + \langle v, M^{-1}u\rangle \neq 0$$

au quel cas :

$$\overline{M}^{-1} = M^{-1} - \sigma^{-1} M^{-1}(u \otimes v)M^{-1}. \tag{1.23}$$

Remarque 1.7. *Ce résultat est la généralisation à la dimension infinie hilbertienne de la formule bien connue en dimension finie de Sherman-Morrison [76].*

Mises à jour préservant symétrie et positivité

Dans ce qui suit, sont caractérisées les propriétés de symétrie et de positivité des opérateurs de mises à jour classiques (forme B ou H)

$$\overline{M} = M + T, \text{ avec } rg(T) \leq 2.$$

Théorème 1.3. *(Symétrie, [38]) Supposons M auto-adjoint alors $\overline{M}$ est auto-adjoint si et seulement s'il existe $a, c \in X, \alpha, \beta, \gamma \in \mathbb{R}$ tels que T est représenté par*

$$T = \alpha(a \otimes a) + \beta(c \otimes c) + \gamma(a \otimes c + c \otimes a). \tag{1.24}$$

Si, en outre, T doit satisfaire une équation "sécante" :
$$Tp = z, \qquad (1.25)$$
les mises à jour sont caractérisées comme suit

Théorème 1.4. *(Symétrie et équation sécante, [38]) Pour $p, z \in X$, $p, z \neq 0$.*

Si M est auto-adjoint alors $\overline{M}$ est un opérateur auto-adjoint et satisfait l'équation "sécante" $(\overline{M}p = Mp + Tp = Mp + z)$ si et seulement s'il existe $b \in X$ et $\xi \in \mathbb{R}$ tels que $\xi \langle z, p \rangle + \langle b, p \rangle^2 \neq 0$ et
$$T = (\xi \langle z, p \rangle + \langle b, p \rangle^2)^{-1}[\xi(z \otimes z) - \langle z, p \rangle (b \otimes b) + \langle b, p \rangle (b \otimes z + z \otimes b)]. \quad (1.26)$$

Définition 1.6. *Un opérateur $M \in \mathcal{L}(X)$ est dit strictement défini positif (ou $\alpha-$coercif) s'il existe $\alpha > 0$ tel que*
$$\langle v, Mv \rangle \geq \alpha \langle v, v \rangle \quad \forall v \in X.$$

Théorème 1.5. *(Positivité, [38]) Supposons $M \in \mathcal{L}(X)$ auto-adjoint, strictement défini positif et $s, z \neq 0$. Alors $\overline{M} = M + T$ avec T satisfaisant (1.26) est strictement défini positif si et seulement si les deux conditions suivantes sont satisfaites :*

$$\frac{\langle b, B^{-1}y \rangle^2 + (\xi - \langle b, B^{-1}b \rangle) \langle z, B^{-1}y \rangle}{\xi \langle z, s \rangle + \langle b, s \rangle^2} > 0 \quad (1.27)$$

$$1 + \frac{1}{2} \frac{-\langle z, s \rangle \langle b, B^{-1}b \rangle + \xi \langle z, B^{-1}z \rangle + 2 \langle b, s \rangle \langle z, B^{-1}b \rangle}{\xi \langle z, s \rangle + \langle b, s \rangle^2} \geq 0. \quad (1.28)$$

Dans la pratique, la condition (1.28) est souvent satisfaite si (1.27) a lieu.

Théorème 1.6. *Si le paramètre ξ dans le Théorème (1.4) satisfait*
$$\xi \langle z, s \rangle + \langle b, s \rangle^2 > 0, \qquad (1.29)$$
alors la relation (1.28) est redondante et la relation (1.27) se réduit à
$$\langle b, B^{-1}y \rangle^2 + (\xi - \langle b, B^{-1}b \rangle) \langle z, B^{-1}y \rangle > 0. \qquad (1.30)$$

1.4.3 Les mises à jour classiques

Les propriétés recherchées pour les mises à jour étant en général :

P_1) la symétrie,

P_2) la satisfaction de l'équation sécante,

P_3) l'inversibilité,

P_4) la positivité.

Il est utile de passer en revue les mises à jour classiques et leurs propriétés.

La méthode de Broyden (forme B) ([11])
dont la formule de mise à jour est donnée par
$$B_{k+1} = B_k + \frac{(y_k - B_k s_k) \otimes s_k}{\|s_k\|^2} \qquad (1.31)$$
$$s_k = x_{k+1} - x_k, y_k = F(x_{k+1}) - F(x_k).$$
elle ne satisfait que la condition P_2 sous la forme $B_{k+1} s_k = y_k$.

La méthode de Broyden (forme H)
S'obtient en appliquant le lemme de Sherman-Morrison (Corollaire (1.1)) à la formule (1.31)
$$H_{k+1} = H_k + \frac{(s_k - H_k y_k) \otimes y_k}{\|y_k\|^2} \qquad (1.32)$$
et ne satisfait que l'équation sécante $H_{k+1} y_k = s_k$.

La méthode ($SR1$) forme B
Avec une mise à jour de *rang un*,
$$B_{k+1} = B_k + \frac{(y_k - B_k s_k) \otimes (y_k - B_k s_k)}{\langle y_k - B_k s_k, s_k \rangle} \qquad (1.33)$$

La méthode ($SR1$) forme H
$$H_{k+1} = H_k + \frac{(s_k - H_k y_k) \otimes (s_k - H_k y_k)}{\langle s_k - H_k y_k, y_k \rangle} \qquad (1.34)$$
qui sont les seules formules de rang un qui satisfont P_1 (la symétrie) et P_2 (l'équation sécante).

Classe de méthodes de type Dennis-Moré

Si $\xi = 0$, $p = s$, $M = B$ et $z = y - Bs$ dans (1.26), nous obtenons la classe de méthodes que Dennis-Moré ont considéré en dimension finie :

$$\begin{aligned}\overline{B} &= B + \frac{\langle s, Bs \rangle}{\langle b, s \rangle^2}(b \otimes b) - \frac{1}{\langle b, s \rangle}(Bs \otimes b + b \otimes Bs) \\ &\quad - \frac{\langle y, s \rangle}{\langle b, s \rangle^2}(b \otimes b) + \frac{1}{\langle b, s \rangle}(y \otimes b + b \otimes y).\end{aligned} \quad (1.35)$$

Il est clair que cette formule satisfait au moins la condition P_1 (la symétrie) et P_2 (l'équation sécante).

La méthode (PSB)

Pour $b = s$, dans (1.35), nous obtenons la mise à jour Broyden Symétrique de Powell (PSB)

$$\begin{aligned}\overline{B} &= B + \frac{(y - Bs) \otimes s + s \otimes (y - Bs)}{\langle s, s \rangle} \\ &\quad - \frac{\langle (y - Bs), s \rangle (s \otimes s)}{\langle s, s \rangle^2}\end{aligned} \quad (1.36)$$

Elle satisfait l'équation sécante, préserve la symétrie et pas la positivité.

La méthode (DFP) forme B

Si $b = y$, dans (1.35), nous obtenons la mise à jour de Davidon-Fletcher-Powell (DFP) forme B

$$\overline{B} = B + \frac{\langle s, Bs \rangle (y \otimes y) - \langle s, y \rangle (Bs \otimes y + y \otimes Bs)}{\langle s, y \rangle^2} + \frac{1}{\langle s, y \rangle}(y \otimes y). \quad (1.37)$$

La méthode $BFGS$ forme B

Si nous choisissons $\xi = \frac{\langle b, s \rangle^2}{\langle b, Bb \rangle}$ et $b = Bs$, dans (1.26), on obtient la mise à jour bien connue et populaire, appelée méthode de Broyden-Fletcher-Goldfarb-Shanno (méthode de $BFGS$)

$$\overline{B} = B - \frac{1}{\langle s, Bs \rangle}(Bs \otimes Bs) + \frac{1}{\langle s, y \rangle^2}(y \otimes y) \quad (1.38)$$

Ces deux dernières formules satisfont les conditions P_1 (symétrie), P_2 (équation sécante) et P_4 (positivité). Par application du Théorème (1.2), nous obtenons les mises à jour de DFP et $BFGS$ forme H.

Toutes les méthodes que nous venons de présenter sont à corrections de $rang \leq 2$. Mais il n'est pas nécessaire de se limiter à ce cas. Nous proposons dans ce qui suit des corrections de $rang$ finis.

Opérateurs de rang fini

Nous caractérisons ici complètement et dans le cadre Hilbertien, la structure des opérateurs de rang fini.

Lemme 1.1. $T \in \mathcal{L}(X, Y)$ *est de rang fini si et seulement si*

$$\exists p \in \mathbb{N}, \exists a_1, a_2, ..., a_p \in Y, \exists b_1, b_2, ..., b_p \in X \text{ tels que :}$$

$$T = a_1 \otimes b_1 + a_2 \otimes b_2 + ... + a_p \otimes b_p. \tag{1.39}$$

auquel cas $rg(T) \leq p$.

Démonstration. Si T est du type (1.39) alors $\forall x \in X$,

$Tx = \sum_{j=1}^{p} \langle b_j, x \rangle a_j$, c'est à dire $\{a_j\}_{j=\overline{1,p}}$ est une famille génératrice de $Im(T)$ et donc $rg(T) = \dim Im(T) \leq p$.

Réciproquement, si $\dim Im(T) \leq p$, alors $\exists y_1, ..., y_p \in Y$ tels que $Im(T) = \mathcal{L}in(y_1, ..., y_p)$.

Par suite, $\forall x \in X, \exists \lambda_1(x), ..., \lambda_p(x) \in \mathbb{R}$, avec

$$Tx = \sum_{j=1}^{p} \lambda_j(x) y_j.$$

Ainsi, sont définies $p-$formes linéaires continues sur X par

$$\lambda_j(\cdot) : X \to \mathbb{R} \quad / \quad \lambda_j(\cdot)(x) = \lambda_j(x).$$

Par le théorème de représentation de Riesz, de $\lambda_j(\cdot) \in X^*$, il existe donc $x_j^* \in X$ tel que

$$\lambda_j(x) = \langle x_j^*, x \rangle, \forall x \in X,$$

et donc
$$Tx = \sum_{j=1}^{p} \langle x_j^*, x \rangle y_j = \sum_{j=1}^{p} (y_j \otimes x_j^*)x.$$
En définissant :
$$b_j = x_j^*, a_j = y_j, \qquad j = 1, ..., p,$$
T prend la forme
$$T = \sum_{j=1}^{p} a_j \otimes b_j$$

■

1.4.4 Inversion d'opérateurs à correction de rang fini

L'essentiel, dans les méthodes quasi-Newtoniennes à mise à jour de $rang \leq 2$, réside dans le fait de calculer B_{k+1} (resp., H_{k+1}) à partir de B_k (resp., H_k), x_k, x_{k+1}, $F(x_k)$ et $F(x_{k+1})$.

Dans ce qui suit, nous donnons une méthode itérative finie de calcul de l'inverse d'un opérateur avec correction de rang fini :
$$\overline{M} = M + T \text{ avec}$$
$$T = a_1 \otimes b_1 + a_2 \otimes b_2 + ... + a_p \otimes b_p.$$
Alors $\overline{M}$ s'obtient itérativement comme suit :

$$\begin{cases} M_0 = M, \\ M_k = M_{k-1} + a_k \otimes b_k, \quad k = 1, ..., p, \\ M_p = \overline{M} \end{cases} \quad (1.40)$$

Comme on sait, par le Corollaire (1.1) ci-dessus, que :

Si M_{k-1}^{-1} existe et si $\sigma_k = 1 + \langle a_k, M_{k-1}^{-1} b_k \rangle \neq 0$ alors M_k est inversible et
$$M_k^{-1} = M_{k-1}^{-1} - \sigma_k^{-1} M_{k-1}^{-1}(a_k \otimes b_k) M_{k-1}^{-1}.$$

Nous avons aisément le

Corollaire 1.2. *Si M est inversible alors $\overline{M}$ est inversible si et seulement si*
$$\sigma_k := 1 + \langle a_k, M_{k-1}^{-1} b_k \rangle \neq 0, \forall k = 1, ..., p.$$

Algorithme d'inversion pour mise à jour de rang fini

On dispose de $a_1, a_2, ..., a_p \in Y$, $b_1, b_2, ..., b_p \in X$ et M_0 inversible.

Algorithme 1.1. $c = 0, rg = 0, M \leftarrow M_0$

Itération k :

(1) *Si $c = p$, stop ; sinon aller en (2) ;*

(2) *Calculer* $\sigma_k = 1 + \langle a_k, M_{k-1}^{-1} b_k \rangle$,

Si $\sigma_k \neq 0$, alors

$rg \leftarrow rg + 1$ *et*

$M_k^{-1} = M_{k-1}^{-1} - \sigma_k^{-1} M_{k-1}^{-1} (a_k \otimes b_k) M_{k-1}^{-1}$;

$k \leftarrow k + 1$ *et aller en (1) ;*

Si $\sigma_k = 0$, alors

$M_k^{-1} \leftarrow M_{k-1}^{-1}$,

$k \leftarrow k + 1$ *et aller en (1).*

Remarque 1.8. *L'algorithme permet de reconnaitre le rang d'un opérateur de rang fini et de calculer le dernier inverse qui existe.*

Proposition 1.3. *Pour $p = 2$, l'algorithme donne en deux itérations la formule de rang 2 du Théorème (1.2).*

Démonstration. 1) M_1 est inversible si et seulement si $\sigma_1 = 1 + \langle a_1, M^{-1} b_1 \rangle \neq 0$ et on a

$$M_1^{-1} = M^{-1} - \sigma_1^{-1} M^{-1} (a_1 \otimes b_1) M^{-1}. \tag{1.41}$$

2) M_1 étant inversible alors $M_2 = M_1 + a_2 \otimes b_2 = M + a_1 \otimes b_1 + a_2 \otimes b_2$ est inversible si et seulement si $\sigma_2 = 1 + \langle a_2, M_1^{-1} b_2 \rangle \neq 0$ et on a :

$$M_2^{-1} = M_1^{-1} - \sigma_2^{-1} M_1^{-1} (a_2 \otimes b_2) M_1^{-1}. \tag{1.42}$$

En substituant la relation (1.41) dans (1.42), on trouve :

a) Condition d'inversibilité :

$$\begin{aligned}
\sigma_2 &= 1 + \langle b_2, M^{-1}a_2 \rangle - \sigma_1^{-1} \langle b_1, M^{-1}a_2 \rangle \langle b_2, M^{-1}a_1 \rangle \\
&= \frac{\sigma_1(1 + \langle b_2, M^{-1}a_2 \rangle) - \langle b_1, M^{-1}a_2 \rangle \langle b_2, M^{-1}a_1 \rangle}{\sigma_1} \\
&= \frac{(1 + \langle b_1, M^{-1}a_1 \rangle)(1 + \langle b_2, M^{-1}a_2 \rangle) - \langle b_1, M^{-1}a_2 \rangle \langle b_2, M^{-1}a_1 \rangle}{\sigma_1} \\
\sigma_2 &= \frac{\sigma}{\sigma_1}.
\end{aligned}$$

D'où $\sigma_2 \neq 0 \Leftrightarrow \sigma \neq 0$ (condition du Théorème (1.2)).

b) Formule de l'inverse :
$$\begin{aligned}
M_2^{-1} = {}& M^{-1} - \sigma_1^{-1} M^{-1}(a_1 \otimes b_1) M^{-1} - \\
& \sigma_2^{-1}[M^{-1} - \sigma_1^{-1} M^{-1}(a_1 \otimes b_1) M^{-1}](a_2 \otimes b_2)[M^{-1} - \sigma_1^{-1} M^{-1}(a_1 \otimes b_1) M^{-1}]
\end{aligned} \quad (1.43)$$

En utlisant les propriétés (v) et (vi) de l'opérateur dyadic citées dans la Proposition (1.2), dans le développement de la formule (1.43), on retrouve la formule (1.22) prouvée différement par Gruver et Sachs [38]. ∎

Remarque 1.9. *Du point de vue du volume en calculs, les mises à jour, de rang $\leq p$, ont au maximum un volume $p-$fois le volume de rang un.*

1.5 Analyse des vitesses de convergence

La convergence linéaire fait largement usage du lemme classique suivant :

Lemme 1.2. *([46]) Soient X et Y des espaces de Banach et $S \in \mathcal{L}(X, Y)$. On suppose que S admet un inverse $S^{-1} \in \mathcal{L}(Y, X)$.*

Alors $\forall T \in \mathcal{L}(X, Y)$ satisfaisant $\|T\| \leq 1/\|S^{-1}\|$, l'opérateur $\widetilde{S} := S + T$ est inversible et

$$\|\widetilde{S}^{-1}\| \leq \frac{\|S^{-1}\|}{1 - \|S^{-1}T\|} \leq \frac{\|S^{-1}\|}{1 - \|S^{-1}\|\|T\|}. \quad (1.44)$$

1.5.1 Convergence linéaire

Le résultat suivant donne, dans le cadre Hilbertien, l'essentiel sur la convergence linéaire des méthodes quasi-Newtoniennes. C'est une généralisation à la dimension infinie d'un théorème de Broyden et al. [13].

Théorème 1.7. *Soient $\Omega \subset X$, ouvert et convexe et $F : \Omega \to Y$.*

On suppose :

1) F est C^1 au sens de Fréchet dans Ω avec $F'(\cdot)$ $LipC$ sur Ω.

2) $\exists x^* \in \Omega$ tel que $F(x^*) = 0$ et $\Lambda = F'(x^*) \in \mathcal{L}(X, Y)$ inversible.

3) La suite d'opérateurs $\{B_k\}$, définie par une méthode quasi-Newtonienne de type B, satisfait :

$$\|B_{k+1} - \Lambda\| \leq [1 + \alpha_1 \sigma_k] \|B_k - \Lambda\| + \alpha_2 \sigma_k, \tag{1.45}$$

avec $\sigma_k = \max\{\|x_{k+1} - x^*\|, \|x_k - x^*\|\}$ et $\alpha_1, \alpha_2 \in \mathbb{R}_+$ deux constantes.

Alors

i) $\forall \gamma \in (0, 1), \exists \eta = \eta(\gamma) > 0$ et $\delta = \delta(\gamma) > 0$ tels que si B_0 et x_0 satisfont

$$\|x_0 - x^*\| < \eta \text{ et } \|B_0 - \Lambda\| < \delta, \tag{1.46}$$

la suite $\{x_k\}$, définie par une méthode quasi-Newtonienne de type B (1.13), est bien définie sur Ω et converge linéairement vers x^*.

ii) Les suites $\{\|B_k\|\}$ et $\{\|B_k^{-1}\|\}$ sont uniformément bornées.

Démonstration. Ω étant ouvert, $\exists \eta_0 > 0$ tel que $B(x^*, \eta_0) \subset \Omega$. Soit $\beta > 0$ tel que $\|\Lambda^{-1}\| \leq \beta$. Alors, sous les hypothèses retenues,

$\forall \gamma \in (0, 1), \exists \delta = \delta(\gamma) > 0, \eta = \eta(\gamma) > 0$ tels que :

$$6\beta(1 + \gamma)\delta < \gamma \tag{1.47}$$

$$(2\alpha_1 \delta + \alpha_2)\eta/(1 - \gamma) \leq \delta, \eta < \eta_0 \tag{1.48}$$

$$\beta(1 + \gamma)^2 (L\eta/2 + 3\delta) \leq \gamma. \tag{1.49}$$

En effet :

pour δ assez petit nous assurons (1.48), pour η assez petit nous assurons (1.49) et pour δ et η assez petits nous assurons (1.50). Nous supposons donc δ et η assez petits pour assurer (1.48, 1.50). Le coefficient 6 dans (1.48) simplifiera les majorations de la preuve.

Etape $k = 0$: La relation (1.48) donne $\delta < 1/\beta$. Et comme $B_0 = \Lambda + (B_0 - \Lambda)$ avec $\|B_0 - \Lambda\| \leq \delta < 1/\beta \leq \|\Lambda^{-1}\|^{-1}$ alors, par le Lemme (1.2), B_0 est inversible

avec
$$\|B_0^{-1}\| \le \|\Lambda^{-1}\|/(1-\|\Lambda^{-1}\|\|B_0-\Lambda\|) < \beta/(1-\beta\delta).$$
Et, toujours d'après (1.48), $1-6\beta\delta > 1/1+\gamma$. Ce qui donne
$$\|B_0^{-1}\| < (1+\gamma)\beta \tag{1.50}$$

Par ailleurs,
$$\begin{aligned}
\|x_1 - x^*\| &= \|(x_1-x_0)+(x_0-x^*)\| \\
&= \|-B_0^{-1}F(x_0)+(x_0-x^*)\| \\
&= \|B_0^{-1}[-F(x_0)+B_0(x_0-x^*)]\|,
\end{aligned}$$

$$\begin{aligned}
&= \|B_0^{-1}[(-F(x_0)+F(x^*)+F'(x^*)(x_0-x^*))+(B_0-F'(x^*)(x_0-x^*))]\| \\
&\le \|B_0^{-1}\|(\|F(x_0)-F(x^*)-F'(x^*)(x_0-x^*)\|+\|B_0-F'(x^*)\|\|x_0-x^*\|).
\end{aligned}$$

La formule de Taylor-Lagrange à l'ordre un, au voisinage de x^*, donne :
$$F(x_0)-F(x^*) = \int_0^1 [F'(x^*+t(x_0-x^*))](x_0-x^*)dt,$$
d'où
$$F(x_0)-F(x^*)-F'(x^*)(x_0-x^*) = \int_0^1 [F'(x^*+t(x_0-x^*))-F'(x^*)](x_0-x^*)dt$$
par suite
$$\|x_1-x^*\| \le (1+\gamma)\beta(\|\int_0^1 [F'(x^*+t(x_0-x^*))-F'(x^*)](x_0-x^*)dt\|+\delta\|x_0-x^*\|).$$

Par Lipschitzité, on a
$$\|x_1-x^*\| \le (1+\gamma)\beta(L\eta/2+\delta)\|x_0-x^*\|,$$
et grâce à (1.50), on obtient
$$\|x_1-x^*\| \le \gamma\|x_0-x^*\|. \tag{1.51}$$

D'autre part, d'après (1.46), (1.47) et (1.49), on a
$$\begin{aligned}
\|B_1-\Lambda\| &\le [1+\alpha_1\eta]\|B_0-\Lambda\|+\alpha_2\eta, \\
&\le \|B_0-\Lambda\|+\alpha_1\eta\|B_0-\Lambda\|+\alpha_2\eta, \\
&\le \delta+(\alpha_1\delta+\alpha_2)\eta < \delta+(2\alpha_1\delta+\alpha_2)\eta \\
&\le \delta+\delta(1-\gamma) < 2\delta.
\end{aligned}$$

Par conséquent,
$$\|B_1 - \Lambda\| < 2\delta. \tag{1.52}$$
Etape k : On doit démontrer par récurrence que $\forall k \geq 0$,
$$\|B_{k+1} - \Lambda\| < 2\delta \text{ et } \|x_{k+1} - x^*\| \leq \gamma \|x_k - x^*\| \tag{1.53}$$

a) d'après ce qui précède, la relation (1.54) est vraie pour $k = 0$.

b) On suppose que (1.54) est vraie pour $k \leq m-1$, et on la montre pour m.

Par (1.46) et avec $\sigma_k = \|x_k - x^*\| \leq \gamma \|x_{k-1} - x^*\| \leq ... \leq \gamma^k \|x_0 - x^*\| \leq \eta \gamma^k$, on a :
$$\|B_{k+1} - \Lambda\| \leq [1 + \alpha_1 \eta \gamma^k] \|B_k - \Lambda\| + \alpha_2 \eta \gamma^k$$
$$\|B_{k+1} - \Lambda\| - \|B_k - \Lambda\| \leq 2\alpha_1 \eta \gamma^k \delta + \alpha_2 \eta \gamma^k. \tag{1.54}$$
En sommant dans (1.55) de $k = 0$ à $m-1$, on obtient
$$\|B_m - \Lambda\| \leq \|B_0 - \Lambda\| + (2\alpha_1 \delta + \alpha_2)\eta \sum_{k=0}^{m-1} \gamma^k \tag{1.55}$$
$$< \delta + (2\alpha_1 \delta + \alpha_2)\eta/(1-\gamma) < 2\delta \tag{1.56}$$

Par conséquent,
$$\|B_m - B_0\| \leq \|B_m - \Lambda\| + \|B_0 - \Lambda\| < 3\delta, \forall m \tag{1.57}$$

En outre, d'après (1.48),
$$\|I - B_0^{-1} B_m\| \leq \|B_0^{-1}\| \|B_m - B_0\|$$
$$< 3(1+\gamma)\beta\delta$$
$$< \gamma < 1,$$
donc, par le Lemme (1.2), $(B_0^{-1} B_m)^{-1}$ existe, donc B_m est inversible avec
$$\|B_m^{-1}\| = \|[B_0 + (B_m - B_0)]^{-1}\| \leq \|B_0^{-1}\| \sum_{k=0}^{\infty} \|B_0^{-1}\|^k \|B_m - B_0\|^k,$$
$$\leq (1+\gamma)\beta \sum_{k=0}^{\infty} (3(1+\gamma)\beta\delta)^k = (1+\gamma)\beta/(1 - 3(1+\gamma)\beta\delta),$$
$$< (1+\gamma)\beta/(1 - 6\beta\delta).$$

On a donc
$$\|B_m^{-1}\| < (1+\gamma)^2\beta, \forall m \in \mathbb{N}. \tag{1.58}$$
Ainsi $\forall m \in \mathbb{N}$, B_m est inversible et $\{\|B_m^{-1}\|\}$ sont uniformément bornés.

De plus, par hypothèse de récurrence, $\|x_m - x^*\| < \eta$, par suite

$$\begin{aligned}
\|x_{m+1} - x^*\| &= \|(x_{m+1} - x_m) + (x_m - x^*)\| \\
&= \| - B_m^{-1} F(x_m) + (x_m - x^*)\| \\
&= \|B_m^{-1}\{-[F(x_m) - F(x^*) - F'(x^*)(x_m - x^*)] \\
&\quad + [B_m - F'(x^*)](x_m - x^*)\}\| \\
&\leq \|B_m^{-1}\|\{\|F(x_m) - F(x^*) - F'(x^*)(x_m - x^*)\| \\
&\quad + \|B_m - F'(x^*)\|\|x_m - x^*\|\} \\
&\leq (1+\gamma)^2\beta\{\|\int_0^1 [F'(x^* + t(x_m - x^*)) - F'(x^*)](x_m - x^*)dt\| \\
&\quad + 2\delta\|x_m - x^*\|\} \\
&\leq (1+\gamma)^2\beta\{\|\int_0^1 [F'(x^* + t(x_m - x^*)) - F'(x^*)](x_m - x^*)dt\| \\
&\quad + 2\delta\|x_m - x^*\|\} \\
&\leq (1+\gamma)^2\beta(\frac{L\eta}{2} + 2\delta)\|x_m - x^*\| \\
&\leq (1+\gamma)^2\beta(\frac{L\eta}{2} + 3\delta)\|x_m - x^*\|.
\end{aligned}$$

Finalement, grâce à (1.50), on obtient les inégalités suivantes :
$$\|x_{m+1} - x^*\| \leq \gamma\|x_m - x^*\|,$$
$$\|x_{m+1} - x^*\| \leq \gamma\|x_m - x^*\| \leq ... \leq \gamma^{m+1}\|x_0 - x^*\| < \gamma^{m+1}\eta < \eta_0. \tag{1.59}$$

Ainsi, $\{x_m\} \subset \Omega, x_m \to x^*$ dans X, avec $\{\|B_m\|\}$ et $\{\|B_m^{-1}\|\}$ uniformément bornées. ■

C'est à W.H.Yu [87] que nous devons l'analyse de la convergence linéaire des méthodes quasi-Newtoniennes de type H, pour les problèmes d'optimisation.

Dans ce qui suit, nous allons en adapté les résultats aux équations générales

Théorème 1.8. *Soient $\Omega \subset X$, ouvert et convexe et $F : \Omega \to Y$.*

On suppose que :

1) F est C^1 Fréchet dans Ω avec $F'(.)$ $LipC$ sur Ω.

2) $\exists x^* \in \Omega$ tel que $F(x^*) = 0$ et $\Lambda = F'(x^*) \in \mathcal{L}(X,Y)$ inversible.

3) La suite d'opérateurs $\{H_k\}$, définie par une méthode quasi-Newton de type H, satisfait :
$$\|H_{k+1} - \Lambda^{-1}\| \leq (1 + \alpha_1 \sigma_k)\|H_k - \Lambda^{-1}\| + \alpha_2 \sigma_k \quad (1.60)$$
avec $\sigma_k = \max\{\|x_{k+1} - x^*\|, \|x_k - x^*\|\}$ et $\alpha_1, \alpha_2 \in \mathbb{R}_+$ deux constantes.

Alors

i) $\forall \gamma \in (0,1), \exists \eta = \eta(\gamma) > 0$ et $\delta = \delta(\gamma) > 0$ tels que si H_0 et x_0 satisfont
$$\|x_0 - x^*\| < \eta \text{ et } \|H_0 - \Lambda^{-1}\| < \delta,$$
la suite $\{x_k\}$, définie par une méthode quasi-Newtonienne de type H est bien définie, et converge linéairement vers x^*.

ii) Les suites $\{\|H_k\|\}$ et $\{\|H_k^{-1}\|\}$ sont uniformément bornées.

Démonstration. Ω étant ouvert et $x^* \in \Omega$, $\exists \eta_0 > 0$ tel que $B(x^*, \eta_0) \subset \Omega$. Soient $\beta, \theta > 0$ tels que $\|\Lambda\| \leq \beta$ et $\|\Lambda^{-1}\| \leq \theta$, alors, sous les hypothèses retenues, $\forall \gamma \in (0,1), \exists \delta = \delta(\gamma) > 0, \eta = \eta(\gamma) > 0$ tels que :

$$6\beta(1+\gamma)\delta < \gamma \quad (1.61)$$
$$(2\alpha_1 \delta + \alpha_2)\eta/(1-\gamma) \leq \delta, \eta < \eta_0 \quad (1.62)$$
$$(\theta + 4\delta)[L\eta/2 + 2(1+\gamma)^2\beta^2\delta] \leq \gamma \quad (1.63)$$

On doit démontrer par récurrence sur k que
$$\|H_{k+1} - \Lambda^{-1}\| \leq 2\delta \text{ et } \|x_{k+1} - x^*\| \leq \gamma\|x_k - x^*\|, \forall k \geq 0. \quad (1.64)$$
On ne fait pas la preuve pour $k = 0$, car elle est similaire à l'étape d'induction. Néanmoins, on vérifie aisément que
$$\|H_0^{-1}\| < (1+\gamma)\beta.$$

On suppose, que (1.65) est vraie pour $k \leq m-1$ et on la démontre pour m. Par (1.61), avec $\sigma_k = \|x_k - x^*\| \leq \gamma\|x_{k-1} - x^*\| \leq ... \leq \gamma^k\|x_0 - x^*\| \leq \eta\gamma^k$, on a :

$$\|H_{k+1} - \Lambda^{-1}\| \leq [1 + \alpha_1 \eta\gamma^k]\|H_k - \Lambda^{-1}\| + \alpha_2 \eta\gamma^k \quad (1.65)$$
$$\|H_{k+1} - \Lambda^{-1}\| - \|H_k - \Lambda^{-1}\| \leq 2\alpha_1 \eta\gamma^k \delta + \alpha_2 \eta\gamma^k = (2\alpha_1 \delta + \alpha_2)\eta\gamma^k \quad (1.66)$$

En sommant, dans (1.67) pour $k = 0$ à $m-1$, on obtient

$$\begin{aligned}\|H_m - \Lambda^{-1}\| &\leq \|H_0 - \Lambda^{-1}\| + (2\alpha_1\delta + \alpha_2)\eta \sum_{k=0}^{m-1} \gamma^k \\ &< \delta + (2\alpha_1\delta + \alpha_2)\eta/(1-\gamma) < 2\delta \end{aligned} \quad (1.67)$$

Par conséquent,

$$\|H_m - H_0\| \leq \|H_m - \Lambda^{-1}\| + \|H_0 - \Lambda^{-1}\| < 3\delta, \forall m \quad (1.68)$$

En outre, d'après (1.69) et (1.62),

$$\|I - H_0^{-1}H_m\| \leq \|H_0^{-1}\|\|H_m - H_0\| < 3(1+\gamma)\beta\delta < 6(1+\gamma)\beta\delta < \gamma < 1.$$

Donc, $(H_0^{-1}H_m)^{-1}$ existe, et par suite H_m est inversible. De plus,

$$\begin{aligned}\|B_m\| &= \|H_m^{-1}\| = \|[H_0 + (H_m - H_0)]^{-1}\| \leq \|H_0^{-1}\|\|I - H_0^{-1}(H_m - H_0)\| \\ &\leq \sum_{k=0}^{\infty} \|H_0^{-1}\|^k \|H_m - H_0\|^k \leq (1+\gamma)\beta \sum_{k=0}^{\infty} [3(1+\gamma)\beta\delta]^k \\ &= (1+\gamma)\beta/(1 - 3(1+\gamma)\beta\delta) < (1+\gamma)\beta/(1 - 6\beta\delta).\end{aligned}$$

Par (1.62), nous déduisons que

$$\|B_m\| = \|H_m^{-1}\| < (1+\gamma)^2 \beta, \forall m \in \mathbb{N}. \quad (1.69)$$

Ainsi, $\forall m \in \mathbb{N}$, H_m est inversible et $\{\|H_m^{-1}\|\}$ sont uniformément bornés.

D'autre part, nous avons :

$$\begin{aligned}\|H_m\| &= \|H_0 + (H_m - H_0)\| \leq \|H_0\| + \|H_m - H_0\| & (1.70) \\ &\leq (\theta + \delta) + 3\delta = \theta + 4\delta & (1.71)\end{aligned}$$

et

$$\begin{aligned}\|B_m - \Lambda\| &= \|B_m(H_m - \Lambda^{-1})\Lambda\| & (1.72) \\ &\leq \|B_m\|\|H_m - \Lambda^{-1}\|\|\Lambda\| \\ &\leq 2(1+\gamma)^2\beta^2\delta.\end{aligned}$$

De plus, comme par hypothèse de récurrence $\|x_m - x^*\| < \eta$, on a donc :

$$\|x_{m+1} - x^*\| = \|(x_{m+1} - x_m) + (x_m - x^*)\| = \|-H_m F(x_m) + (x_m - x^*)\|$$

$$\begin{aligned}
&= \|H_m\{-[F(x_m) - F(x^*) - F'(x^*)(x_m - x^*)] + [B_m - F'(x^*)](x_m - x^*)\}\| \\
&\leq \|H_m\|\{\|F(x_m) - F(x^*) - F'(x^*)(x_m - x^*)\| \\
&\quad + \|B_m - F'(x^*)\|\|x_m - x^*\|\}2(1+\gamma)^2\beta^2\delta \\
&\leq (\theta + 4\delta)\{\|\int_0^1 [F'(x^* + t(x_m - x^*)) - F'(x^*)](x_m - x^*)dt\| \\
&\quad + 2(1+\gamma)^2\beta^2\delta\|x_m - x^*\|\} \\
&\leq (\theta + 4\delta)[L\eta/2 + 2(1+\gamma)^2\beta^2\delta]\|x_m - x^*\| \leq \gamma\|x_m - x^*\|,
\end{aligned}$$

finalement, grâce à (1.64), on a

$$\|x_{m+1} - x^*\| \leq \gamma\|x_m - x^*\|,$$

$$\|x_{m+1} - x^*\| \leq \gamma\|x_m - x^*\| \leq ... \leq \gamma^{m+1}\|x_0 - x^*\| < \gamma^{m+1}\eta < \eta_0 \quad (1.73)$$

Ainsi, $\{x_m\} \subset U_0, x_m \to x^*$ dans X et $\{\|H_m\|\}, \{\|H_m^{-1}\|\}$ sont uniformément bornées. ∎

1.5.2 Convergence Superlinéaire.

La convergence superlinéaire en dimension infinie (voir définition (1.1 (c))) est plus complexe. C'est Stoer [77], qui l'illustra par des exemples prouvant clairement que les conditions de convergence superlinéaire en dimension finie sont insuffisantes en dimension infinie Hilbertienne. Cependant, Grauver et Sachs [38] ont montré quant à eux que la condition caractéristique de Dennis-Moré (*cf.* [25]), en dimension finie

$$\lim_{k\to\infty} \frac{\|(B_k - F'(x^*))s_k\|}{\|s_k\|} = 0, \quad (1.74)$$

reste nécessaire et suffisante en dimension infinie. Ceci, montre clairement que sous les condition du Théorème 1.3, la condition de Dennis-Moré n'est, en général, pas satisfaite en dimension infinie. C'est une forme affaiblie, à savoir

$$\lim_{k\to\infty} \frac{\langle l, (B_k - F'(x^*))s_k\rangle}{\|s_k\|} = 0, \forall l \in X, \quad (1.75)$$

qui est, en fait, satisfaite; ce qu'ont montré Hwang et Kelley [42] pour les méthodes de type Broyden (formule de *rang un*) et Gruver et Sachs [38] pour les méthodes de type Dennis-Moré (formule (1.35)).

Remarque 1.10. *Les conditions (1.76) et (1.75) sont évidement équivalentes en dimension finie.*

Caractérisation de la convergence superlinéaire forte et faible

Rappelons que le Théorème (1.3) (forme B) et le Théorème (1.4) (forme H) donnent des conditions suffisantes de convergence linéaire. Le théorème suivant caractérise la convergence superlinéaire.

Théorème 1.9. *(i) Sous les hypothèses du Théorème (1.3), la convergence est fortement superlinéaire si et seulement si la condition de Dennis-Moré forte (1.75) est satisfaite.*

(ii) Sous les hypothèses du Théorème (1.4), la convergence est fortement superlinéaire si et seulement si

$$\lim_{k\to\infty} \frac{\|(H_k - [F'(x^*)]^{-1})y_k\|}{\|y_k\|} = 0 \qquad (1.76)$$

Démonstration. Nous ferons la preuve pour (i) seulement. Cette preuve est une adaptation de celle donnée dans *[38]*, pour des problèmes d'optimisation sans contraintes. L'identité suivante a lieu

$$(B_k - F'(x^*))s_k = (B_k - F'(x^*))(x_{k+1} - x_k) \qquad (1.77)$$

$$= F(x_{k+1}) - F(x_k) - F'(x^*)(x_{k+1} - x_k) - F(x_{k+1}). \qquad (1.78)$$

Au préalable, en utilisant la différentiabilité de F et la convergence de $\{x_k\}$ vers x^*, on vérifie aisément que (1.75) est équivalente à

$$\lim_{k\to\infty} \frac{\|F(x_{k+1})\|}{\|x_{k+1} - x_k\|} = 0 \qquad (1.79)$$

A présent, on montre que (1.80) est équivalente à la convergence superlinéaire (Définition (1.1 (c))) :

a) Supposons que la convergence de $\{x_k\}$ est superlinéaire alors $\left\{\dfrac{\|x_{k+1} - x_k\|}{\|x_k - x^*\|}\right\}_{k\in\mathbb{N}}$ est bornée. En effet,

$$\lim_{k\to\infty} \left|\frac{\|x_{k+1} - x_k\|}{\|x_k - x^*\|} - 1\right| \leq \lim_{k\to\infty} \frac{\|x_{k+1} - x^*\|}{\|x_k - x^*\|} = 0 \qquad (1.80)$$

Par conséquent, il existe $c_1 > 0$ (par Lipschizité de F en x^*) tel que

$$\frac{\|F(x_{k+1}) - F(x^*)\|}{\|x_{k+1} - x_k\|} \leq c_1 \frac{\|x_{k+1} - x^*\|}{\|x_k - x^*\|} \frac{\|x_k - x^*\|}{\|x_{k+1} - x_k\|},$$

qui converge vers zéro en raison de (1.81) et de la convergence superlinéaire.

b) Inversement, si (1.80) est vérifiée alors par la continuité de $[F'(x^*)]^{-1}$, il existe $c_2 > 0$ tel que :

$$\begin{aligned} 0 &= \lim_{k \to \infty} \frac{\|F(x_{k+1}) - F(x^*)\|}{\|x_{k+1} - x_k\|} \geq c_2 \lim_{k \to \infty} \frac{\|x_{k+1} - x^*\|}{\|x_{k+1} - x_k\|} \\ &\geq c_2 \lim_{k \to \infty} (1 + \frac{\|x_k - x^*\|}{\|x_{k+1} - x^*\|})^{-1}. \end{aligned}$$

Ceci achève la preuve. ∎

Puisque dans le cas de la dimension infinie, il est difficile de vérifier (1.75) pour les mises à jour quasi-Newtoniennes, on donne une caractérisation de la convergence superlinéaire faible (voir Définition (1.1) (d))).

Théorème 1.10. *Supposons que toutes les hypothèses du théorème (1.3) sont satisfaites. Alors la suite $\{x_k\}$ converge vers x^* avec une vitesse de convergence superlinéaire faible et $F(x^*) = 0$ si et seulement si*

$$\forall l \in X, \lim_{k \to \infty} \frac{\langle l, (B_k - F'(x^*))s_k \rangle}{\|s_k\|} = 0, \tag{1.81}$$

où $s_k = x_{k+1} - x_k$.

Démonstration. L'équation (1.79) et la convergence de $\{x_k\}$ vers x^* entraînent que (1.82) est équivalente à

$$\lim_{k \to \infty} \frac{\langle l, F(x_{k+1}) \rangle}{\|x_{k+1} - x_k\|} = 0, \forall l \in X, \tag{1.82}$$

laquelle est équivalente à

$$\lim_{k \to \infty} \frac{|\langle l, F(x_{k+1}) - F(x^*) \rangle|}{\|x_{k+1} - x_k\|} = 0. \tag{1.83}$$

F étant Fréchet différentiable, on a

$$F(x_{k+1}) - F(x^*) = F'(x^*)(x_{k+1} - x^*) + \|x_{k+1} - x^*\|\varepsilon(x_{k+1} - x^*),$$

avec $\varepsilon(x_{k+1} - x^*) \to 0$, si $k \to \infty$. D'où

$$|\langle l, F(x_{k+1}) - F(x^*) \rangle| \geq |\langle l, F'(x^*)(x_{k+1} - x^*) \rangle| - \|x_{k+1} - x^*\|\varepsilon_k \tag{1.84}$$

où $\varepsilon_k := |\langle l, \varepsilon(x_{k+1} - x^*)\rangle| \to 0$ pour $k \to \infty$. Par suite

$$\frac{|\langle l, F(x_{k+1}) - F(x^*)\rangle|}{\|x_{k+1} - x_k\|} \geq \frac{|\langle l, F'(x^*)(x_{k+1} - x^*)\rangle|}{\|x_{k+1} - x_k\|} - \frac{\|x_{k+1} - x^*\|\varepsilon_k}{\|x_{k+1} - x_k\|} \quad (1.85)$$

De plus, la convergence linéaire de $\{x_k\}$ donne

$$\|x_{k+1} - x_k\| \leq (1 + \gamma)\|x_k - x^*\|. \quad (1.86)$$

On montre, à présent, l'équivalence de (1.84) et la convergence superlinéaire faible (Définition.(1.1 (d))).

a) Si (1.84) est satisfaite alors, compte tenue de (1.86) et (1.87), on a

$$\lim_{k \to \infty} \frac{|\langle [F'(x^*)]^* l, x_{k+1} - x^*\rangle|}{\|x_k - x^*\|} \leq \lim_{k \to \infty} \varepsilon_k \frac{\|x_{k+1} - x^*\|}{\|x_k - x^*\|} = 0.$$

L'opérateur $[F'(x^*)]$ étant inversible, la convergence faible de $\dfrac{(x_{k+1} - x^*)}{\|x_k - x^*\|^{-1}}$ vers zéro est assurée et donc la convergence superlinéaire faible.

b) Inversement, si la convergence superlinéaire faible a lieu, alors

$$\lim_{k \to \infty} \frac{|\langle l, F'(x^*)(x_{k+1} - x^*)\rangle|}{\|x_k - x^*\|} = 0, \forall l \in X.$$

Et comme $(x_{k+1} - x^*)\|x_k - x^*\|^{-1}$ est bornée car elle converge faiblement, la relation (1.86) implique

$$\begin{aligned}
0 &= \lim_{k \to \infty} [\frac{|\langle l, F(x_{k+1}) - F(x^*)\rangle|}{\|x_{k+1} - x_k\|} + \varepsilon_k \frac{\|x_{k+1} - x^*\|}{\|x_k - x^*\|}] \\
&= \lim_{k \to \infty} \frac{|\langle l, F(x_{k+1}) - F(x^*)\rangle|}{\|x_{k+1} - x_k\|} \frac{\|x_{k+1} - x_k\|}{\|x_k - x^*\|}
\end{aligned} \quad (1.87)$$

La convergence linéaire entraîne alors

$$\frac{\|x_{k+1} - x_k\|}{\|x_k - x^*\|} \geq 1 - \frac{\|x_{k+1} - x^*\|}{\|x_k - x^*\|} \geq (1 - \gamma) > 0. \quad (1.88)$$

Par conséquent (1.88) implique (1.84). ∎

Le lemme suivant est un résultat technique fréquemment utilisé pour prouver la convergence superlinéaire faible dans de nombreuses méthodes quasi-Newtoniennes (de type Broyden [42], ou de type Dennis-Moré (1.35, [38]).

Lemme 1.3. *Soit X un espace de Hilbert muni du produit scalaire $\langle \cdot, \cdot \rangle$ et soient $0 < \widehat{\theta} < 1$ et $\{\theta_n\}_{n=0}^{\infty} \subset (\widehat{\theta}, 2 - \widehat{\theta})$. On suppose $\{\eta_n\}_{n=0}^{\infty} \subset X$ telle que $\|\eta_n\|$ égale à 1 ou 0 ($\forall n$) et $\{\varepsilon_n\}_{n=0}^{\infty} \subset X$ telle que*

$$\sum_{n=0}^{\infty} \|\varepsilon_n\| < \infty.$$

Pour $\psi_0 \in X$, donné, la suite $\{\psi_n\}_{n=1}^{\infty}$ définie par

$$\psi_{n+1} = \psi_n - \theta_n \langle \eta_n, \psi_n \rangle \eta_n + \varepsilon_n,$$

satisfait

$$\lim_{n \to \infty} \langle \eta_n, \psi_n \rangle = 0.$$

Démonstration. (*cf.* [42]). ∎

Remarque 1.11. *Sachant que la convergence superlinéaire même faible ne peut être envisagée sans que la convergence linéaire a lieu, il faudra donc pour une analyse de convergence superlinéaire même faible s'assurer que la convergence linéaire a lieu. A titre d'illustration, nous donnons la preuve de la convergence superlinéaire faible de la méthode de Broyden. Tout d'abord, établissons la convergence linéaire.*

Théorème 1.11. *Sous les mêmes hypothèses du Théorème (1.3), la méthode de Broyden converge linéairement.*

Démonstration. Pour cela, il suffit de vérifier que les opérateurs B_k engendrés par la formule (1.31) satisfont la condition (1.46) du Théorème (1.3). En effet, définissons, pour tout k, l'opérateur :

$$G_k = \int_0^1 F'(x_k + ts_k)dt,$$

Il est clair que $G_k s_k = y_k$. De plus, on a

$$B_{k+1} - \Lambda = B_k - \Lambda + \frac{(G_k - B_k)(s_k \otimes s_k)}{\|s_k\|^2},$$

or $G_k - B_k = (G_k - \Lambda) + (\Lambda - B_k)$, d'où

$$B_{k+1} - \Lambda = (B_k - \Lambda)(I - P_k) + (G_k - \Lambda)P_k,$$

où $P_k = \dfrac{(s_k \otimes s_k)}{\|s_k\|^2}$ est un projecteur et I est l'opérateur identité. On vérifie que

$$\begin{aligned}\|P_k\| &= \|I - P_k\| = 1, \text{ et} \\ \|G_k - \Lambda\| &= \|\int_0^1 F'(x_k + ts_k) - F'(x^*)dt\| \\ &\leq L(\int_0^1 (\|x_k - x^*\| + t\|s_k\|)dt \\ &\leq L\|x_k - x^*\| + 1/2L\|s_k\|,\end{aligned}$$

or $\|s_k\| \leq \|x_{k+1} - x^*\| + \|x_k - x^*\| \leq 2\sigma_k$ et $\|x_k - x^*\| \leq \sigma_k$, d'où

$$\|G_k - \Lambda\| \leq 2L\sigma_k,$$

par suite

$$\|B_{k+1} - \Lambda\| \leq \|B_k - \Lambda\| + 2L\sigma_k.$$

Par conséquent la condition (1.46) est satisfaite avec $\alpha_1 = 0$ et $\alpha_2 = 2L$. ■

Nous montrons à présent, la convergence superlinéaire faible de la méthode de Broyden.

Théorème 1.12. *[42]Sous les mêmes hypothèses du Théorème (1.3), la méthode de Broyden converge faiblement superlinéairement.*

Démonstration. La convergence linéaire a lieu, d'après le Théorème (1.11). Notons que la formule de mise à jour de Broyden donne

$$E_{k+1} = E_k(I - P_k) + \Delta_k \tag{1.89}$$

où $E_k = B_k - \Lambda$ et Δ_k est un opérateur de rang *un* défini par :

$$\begin{aligned}\Delta_k &= \dfrac{\int_0^1 (F'(x_k + ts_k) - F'(x^*))s_k dt \otimes s_k}{\|s_k\|^2} \\ &= \dfrac{(y_k - F'(x^*)s_k) \otimes s_k}{\|s_k\|^2}\end{aligned} \tag{1.90}$$

Soit $\varphi \in X$, par passage à l'adjoint dans la formule (1.90) on a

$$\begin{aligned}E_{k+1}^*\varphi &= (I - P_k)E_k^*\varphi + \Delta_k^*\varphi \\ &= E_k^*\varphi - P_k E_k^*\varphi + \Delta_k^*\varphi.\end{aligned}$$

En posant :
$$\psi_k = E_k^*\varphi, \quad \eta_k = \frac{s_k}{\|s_k\|} \quad \text{et } \varepsilon_k = \Delta_k^*\varphi,$$
on obtient
$$\psi_{k+1} = \psi_k - \langle \eta_k, \psi_k \rangle \eta_k + \varepsilon_k$$

Il est clair que (voir Proposition (1.2), (iv)) :
$$\Delta_k^* = \frac{s_k \otimes (y_k - F'(x^*)s_k)}{\|s_k\|^2}$$

d'où
$$\varepsilon_k = \Delta_k^*\varphi = \langle y_k - F'(x^*)s_k, \varphi \rangle \frac{s_k}{\|s_k\|^2}, \text{ et}$$
$$\|\varepsilon_k\| \leq \frac{\|y_k - F'(x^*)s_k\|\|\varphi\|}{\|s_k\|}.$$

Or, par la Lipschitzité de F', on a :
$$\|y_k - F'(x^*)s_k\| = \|\int_0^1 (F'(x_k + ts_k) - F'(x^*))s_k dt\|$$
$$\leq \int_0^1 L\|x_k - x^* + ts_k\|\|s_k\|dt$$
$$\leq L\|s_k\| \int_0^1 [\|x_k - x^*\| + t\|s_k\|]dt$$
$$\leq L\|s_k\|[\|x_k - x^*\| + \frac{1}{2}\|s_k\|].$$

En utilisant la convergence linéaire, on a
$$\|s_k\| \leq 2\|x_k - x^*\|$$
il vient
$$\|y_k - F'(x^*)s_k\| \leq 2L\|s_k\|\|x_k - x^*\|$$
et donc
$$\|\varepsilon_k\| \leq 2L\|\varphi\|\|x_k - x^*\|.$$

En utilisant la convergence linéaire une deuxième fois, on vérifie aisément que :
$$\|\varepsilon_k\| \leq 2L\|\varphi\|\|x_0 - x^*\|\gamma^k \quad (\text{avec } \gamma \in (0,1)).$$

Comme la série $\sum\limits_{k=0}^{\infty} \gamma^k$ converge, il en est de même pour la série $\sum\limits_{k=0}^{\infty} \|\varepsilon_k\|$.

D'autre part, par le lemme (1.3), on a
$$\lim_{k \to \infty} \langle \eta_k, \psi_k \rangle = 0, \ i.e., \ \lim_{k \to \infty} \left\langle \frac{s_k}{\|s_k\|}, E_k^*\varphi \right\rangle = 0$$

ou encore
$$\lim_{k \to \infty} \left\langle E_k \frac{s_k}{\|s_k\|}, \varphi \right\rangle = 0.$$

∎

Nous donnons dans ce qui suit, une condition suffisante assurant la convergence superlinéaire forte.

Condition suffisante de convergence superlinéaire forte

Dans la littérature, il apparait clairement que c'est la méthode de Broyden ([11, 12, 13, 74],...) qui a reçu le plus d'attention. En fait, Sachs (1986) [74], montre, sous l'hypothèse $E_0 = B_0 - F'(x^*)$ est un opérateur de Hilbert-Schmidt, que la condition (1.75) est assurée. L'hypothèse E_0 de Hilbert-Schmidt, fût affaiblie par Griewank (1987) [37], qui montre alors que la compacité de E_0t suffit. Nous devons à Kelly et Sachs (1991) [50] une nouvelle preuve du résultat de Griewank. Leur preuve est basée sur le fait que la suite d'opérateurs $E_k = B_k - F'(x^*)$ est collectivement compact si E_0 est compact.

Par soucis de clarté, nous reproduisons la démonstration de la convergence superlinéaire forte de la méthode de Broyden, établie par Kelly et Sachs dans [50]. Rappelons que dans ce cas la mise à jour des opérateurs B_k est définie par

$$B_{k+1} = B_k + \frac{(y_k - B_k s_k) \otimes s_k}{\|s_k\|^2} \tag{1.91}$$

Définition 1.7. *[2] Une suite d'opérateurs linéaires $\{E_k\}$ est dite collectivement compacte si pour tout ensemble borné $\mathcal{B}$, l'ensemble $\cup_k E_k \mathcal{B}$ est relativement compact.*

Notons que puisque tout ensemble borné est un sous-ensemble d'un multiple scalaire de $\overline{B}(0,1)$, la compacité collective de $\{E_k\}$ est équivalente à la compacité relative de l'ensemble $\cup_k E_k \overline{B}(0,1)$.

Lemme 1.4. *Supposons que toutes les hypothèses du Théorème (1.3) sont satisfaites et que E_0 est compact. Alors la suite $\{E_k\}$ is collectivement compacte.*

Démonstration. Pour la preuve nous devons trouver un ensemble compact S tel que
$$\cup_k S_k \subset S, \text{ où } S_k = E_k \overline{B}(0,1)$$

Soit $P_k = s_k \otimes s_k / \|s_k\|^2 \in \mathcal{L}(X)$. Rappelons que la formule (1.92) donne $E_{k+1} = E_k(I - P_k) + \Delta_k$ où Δ_k est définit par (1.91). Or, $E_k(I-P_k)\overline{B}(0,1) \subset E_k\overline{B}(0,1)$ car P_k est un projecteur orthogonal sur X, de sorte que
$$S_{k+1} \subset S_k + \Delta_k \overline{B}(0,1).$$

D'autre part, de la convergence linéaire de la méthode de Broyden on a $\|\Delta_k\| \leq K\gamma^k$ pour un certain $K > 0$ et $\gamma \in (0,1)$. Par conséquent, pour tout k, il existe $\eta_k \in X$ avec $\|\eta_k\| = 1$ tels que si nous posons
$$I_k = \{x \in X \mid x = \alpha\eta_k, -1 \leq \alpha \leq 1\},$$
alors
$$S_{k+1} \subset S_k + K\gamma^k I_k.$$
Par conséquent pour tout k,
$$S_k \subset S_0 + \sum_{j=0}^{\infty} K\gamma^j I_j = S.$$

On démontre que l'ensemble $\widetilde{S} = \sum_{j=0}^{\infty} \gamma^j I_j$ est compact car $\sum_{j=0}^{\infty} \gamma^j$ converge (voir [50]). La compacité de S est prouvée car S_0 est compact du fait que E_0 est un opérateur compact. ∎

A présent, nous énonçons le résultat sur la convergence superlinéaire forte de la méthode de Broyden.

Théorème 1.13. *Si les hypothèses du Lemme (1.4) sont satisfaites alors la méthode de Broyden converge superlinéairement.*

Démonstration. Le Lemme (1.4) implique que chaque sous suite de
$$q_k = E_k(s_k/\|s_k\|) \in S_k \subset S,$$
converge en norme. Puisque la suite $\{q_k\}$ converge faiblement vers zéro (*cf.*[38]), cette observation implique que la suite complète $\{q_k\}$ converge vers zéro en norme et par conséquent la condition de Dennis-Moré (1.75) est satisfaite. ∎

Remarque 1.12. *La preuve du Lemme (1.4) est spécifique à la mise à jour de Broyden. Pour le cas d'une mise à jour quelconque, l'hypothèse de compacité collective des opérateurs $\{E_k\}$ reste suffisante pour assurer la condition de Dennis-Moré, mais difficile à vérifier. Un problème ouvert serait la recherche de conditions assurant la compacité collective.*

Chapitre 2

Méthodes quasi-Newtoniennes en optimisation

2.1 Introduction

Sachant qu'un problème d'optimisation peut, sous certaines conditions, être ramené à la résolution des équations que donnent les conditions d'optimalité, nous adapterons les résultats du Chapitre.I aux problèmes d'optimisation. L'étude de la convergence globale sera aussi envisagée.

Soient X et Y_0 des espaces de Hilbert de produit scalaire respectifs $\langle \cdot, \cdot \rangle_X$ et $\langle \cdot, \cdot \rangle_{Y_0}$; $\|\cdot\|_X$ et $\|\cdot\|_{Y_0}$ désigneront les normes associées. Les problèmes d'optimisation considérés sont sous la forme générale :

$$\begin{cases} \min f(x) \\ c_0(x) = 0, \\ c_i(x) \leq 0, \ i = 1, ..., q, \end{cases} \quad (2.1)$$

où $f, c_i (i = 1, ..., q) : X \to \mathbb{R}$ et $c_0 : X \to Y_0$ sont des fonctions C^2 (deux fois continûment Fréchet différentiable).

Par adjonction de variables d'écarts sous la forme

$$\begin{cases} \min f(x) \\ c_0(x) = 0, \\ c_i(x) + y_i^2 = 0, i = 1, ..., q, \\ y_i \in \mathbb{R}, i = 1, ..., q, \\ x \in X. \end{cases} \quad (2.2)$$

qui est de la forme
$$\begin{cases} \min \varphi(x,y) \\ g_0(x,y) = 0, \\ g_i(x,y) = 0, i = 1, ..., q, \\ (x,y) \in X \times \mathbb{R}^q. \end{cases} \tag{2.3}$$
avec $\varphi(x,y) = f(x)$, $g_0(x,y) = c_0(x)$ et $g_i(x,y) = c_i(x) + y_i^2, i = 1, ..., q$.

Posons $Z = X \times \mathbb{R}^q$ et $Y = Y_0 \times \mathbb{R}^q$, le problème initial est alors mis sous la forme générale :
$$\begin{cases} \min \varphi(z) \\ G(z) = 0, \end{cases} \tag{2.4}$$
avec $\varphi : Z \to \mathbb{R}$ et $G : Z \to Y$ sont des fonctions C^2.

Notons que $Z = X \times \mathbb{R}^q$ (respectivement, $Y = Y_0 \times \mathbb{R}^q$) est un espace de Hilbert pour le produit scalaire :
$$\begin{aligned} \langle z_1, z_2 \rangle_Z &= \langle x_1, x_2 \rangle_X + \langle \lambda_1, \lambda_2 \rangle_{\mathbb{R}^q}, \forall z_1 = (x_1, \lambda_1) \in Z, \forall z_2 = (x_2, \lambda_2) \in Z, \\ \|z\|_Z &= (\|x\|_X^2 + \|\lambda\|_{\mathbb{R}^q}^2)^{1/2}, \forall z = (x, \lambda) \in Z. \end{aligned}$$

Remarque 2.1. *Les conditions d'optimalité traitées par des méthodes quasi-Newtoniennes donneront comme solutions des points stationnaires qui sous des conditions supplémentaires du deuxième ordre seront des solutions optimales locales.*

2.1.1 Quelques rappels sur les conditions d'optimalité

Notons par
$$D = \{z \in Z : G(z) = 0_Y\},$$
le domaine des contraintes. Les résultats suivants donnent les conditions d'optimalité dans la cadre général des espaces de Banach..

Théorème 2.1. *(CN1, [67])*

1) On suppose φ et $G \in C^1$,

2) $\exists \overline{z}$ optimum local de (2.4) tel que $G'(\overline{z}) \in \mathcal{L}(Z, Y)$ surjectif.

Alors $\exists y^* \in Y^*$:
$$\begin{aligned} \varphi'(\overline{z}) + [G'(\overline{z})]^*(y^*) &= 0_{Z^*}, \\ i.e. \quad \varphi'(\overline{z})(v) + [G'(\overline{z})]^*(y^*)(v) &= 0_{\mathbb{R}}, \forall v \in Z. \end{aligned}$$

Notons que les conditions
$$\begin{cases} \varphi'(\overline{z}) + [G'(\overline{z})]^*(y^*) = 0_{Z^*}, \\ G(\overline{z}) = 0_Y, \end{cases}$$
sont dites conditions de Kuhn-Tucker (KT, en abrégé).

La fonction $\mathcal{L}: Z \times Y^* \to \mathbb{R}$ définie par
$$\mathcal{L}(z, y^*) = \varphi(z) + y^*(G(z)), \tag{2.5}$$
est dite de Lagrange dont la première et seconde dérivée par rapport à z sont données par
$$\mathcal{L}'_z(z, y^*) = \varphi'(z) + [G'(z)]^*(y^*) = \varphi'(z) + y^* \circ [G'(z)] \tag{2.6}$$
$$\mathcal{L}''_z(z, y^*) = \varphi''(z) + [G''(z)]^*(y^*) = \varphi''(z) + y^* \circ [G''(z)] \tag{2.7}$$

Les conditions (KT) deviennent alors :
$$\begin{cases} \mathcal{L}'_z(\overline{z}, y^*) = 0_{Z^*}, \\ \mathcal{L}'_{y^*}(\overline{z}, y^*) = 0_Y. \end{cases} \tag{2.8}$$

Autre formulation
$$\begin{cases} \varphi'(\overline{z}) + y^* \circ [G'(\overline{z})] = 0_{Z^*}, \\ G(\overline{z}) = 0_Y \end{cases} \tag{2.9}$$

Théorème 2.2. *(CN2, [67])*

1) On soppose φ et $G \in C^2$,

2) $\exists \overline{z}$ optimum local de (2.4) tel que $G'(\overline{z}) \in \mathcal{L}(Z, Y)$ surjectif.

Alors $\exists y^* \in Y^*$ tel que les conditions (KT) sont satisfaites et
$$\mathcal{L}''_z(\overline{z}, y^*)(v, v) \geq 0, \forall v \in KerG'(\overline{z}).$$

Les conditions suffisantes d'ordre deux sont données par :

Théorème 2.3. *(CS2, [67])*

On soppose φ et $G \in C^2$.

Si $\overline{z} \in Z$ est tel que les conditions (KT) soient satifaites et si $\exists \alpha > 0$:
$$\mathcal{L}''_z(\overline{z}, y^*)(v, v) \geq \alpha \|v\|^2, \forall v \in KerG'(\overline{z}), v \neq 0,$$
alors $\overline{z}$ est un minimum local isolé de (2.4) et y^* est le multiplicateur de Lagrange associé.

Dans ce qui suit, nous développerons les méthodes de Newton et de quasi-Newton pour résoudre le système (KT). Posons :

$$\begin{cases} F(z,\lambda) := (F_1(z,\lambda), F_2(z,\lambda)), \text{ où} \\ F_1(z,\lambda) := \varphi'(z) + \lambda \circ [G'(z)], \ F_2(z,\lambda) := G(z), \end{cases}$$

les conditions (KT) s'expriment, pour le cas général, par l'équation

$$\begin{cases} F(z,\lambda) = 0_{Z^* \times Y}, \quad \text{avec} \\ F : Z \times Y^* \to Z^* \times Y \end{cases} \quad (2.10)$$

Pour Z et Y des espaces de Hilbert, on a :

$$F : Z \times Y \to Z \times Y,$$

$W = Z \times Y$ est un espace de Hilbert de norme

$$\|w\|_W = (\|z\|_Z^2 + \|\lambda\|_Y^2)^{1/2}, \forall w = (z,\lambda) \in W. \quad (2.11)$$

Notation : Tout élément $(z,\lambda) \in Z \times Y$ sera noté $\begin{pmatrix} z \\ \lambda \end{pmatrix}$.

Avec cette notation, $F(z,\lambda)$ et sa dérivée $F'(z,\lambda)$ s'expriment comme suit :

$$F(z,\lambda) = \begin{pmatrix} F_1(z,\lambda) \\ F_2(z,\lambda) \end{pmatrix},$$

$$\begin{aligned} F'(z,\lambda) &= \begin{pmatrix} F'_{1z}(z,\lambda) & F'_{1\lambda}(z,\lambda) \\ F'_{2z}(z,\lambda) & F'_{2\lambda}(z,\lambda) \end{pmatrix} \\ F'(z,\lambda) &= \begin{pmatrix} \mathcal{L}''_z(z,\lambda) & [G'(z)]^* \\ G'(z) & 0 \end{pmatrix} \end{aligned} \quad (2.12)$$

2.1.2 Méthode de Newton

Soit (z_k, λ_k) une approximation d'une solution de (2.10). La méthode de Newton pour (2.10), est définie par

$$(z_{k+1}, \lambda_{k+1}) = (z_k + s_k, \lambda_k + \omega_k), \quad (2.13)$$

où la correction (s_k, ω_k) est solution du système linéaire

$$\begin{pmatrix} \mathcal{L}''_z(z_k, \lambda_k) & [G'(z_k)]^* \\ G'(z_k) & 0 \end{pmatrix} \begin{pmatrix} s_k \\ \omega_k \end{pmatrix} = - \begin{pmatrix} \mathcal{L}'_z(z_k, \lambda_k) \\ G(z_k) \end{pmatrix}. \quad (2.14)$$

Et comme $\lambda_{k+1} = \lambda_k + \omega_k$, (2.14) devient alors :

$$\begin{pmatrix} \mathcal{L}''_z(z_k, \lambda_k) & [G'(z_k)]^* \\ G'(z_k) & 0 \end{pmatrix} \begin{pmatrix} s_k \\ -\lambda_{k+1} \end{pmatrix} = -\begin{pmatrix} \varphi'(z_k) \\ G(z_k) \end{pmatrix} \quad (2.15)$$

2.2 Méthodes de quasi-Newton

Une méthode de quasi-Newton pour résoudre l'équation (2.10) consiste à approcher $\mathcal{L}''_z(z_k, \lambda_k)$ par un opérateur B_k auto-adjoint et $\alpha-$coercif, qui se traduit par la résolution du système :

$$\begin{pmatrix} B_k & [G'(z_k)]^* \\ G'(z_k) & 0 \end{pmatrix} \begin{pmatrix} s_k \\ \lambda_{k+1} \end{pmatrix} = -\begin{pmatrix} \varphi'(z_k) \\ G(z_k) \end{pmatrix} \quad (2.16)$$

En fait, le système (2.16) représente les conditions de Kuhn-Tucker du problème quadratique-linéaire suivant :

$$(SQP) \quad \begin{cases} \min \frac{1}{2} \langle s, B_k s \rangle + \langle \varphi'(z_k), s \rangle \\ [G'(z_k)]^* s = -G(z_k) \end{cases} \quad (2.17)$$

dont la solution optimale est notée par s_k et le multiplicateur de Lagrange est noté par λ_{k+1}.

2.2.1 Résolution du système (SQP)

Le système (2.17) est équivalent à :

$$\begin{cases} B_k s_k = -[G'(z_k)]^* \lambda_{k+1} - \varphi'(z_k), \\ G'(z_k) s_k = -G(z_k). \end{cases} \quad (2.18)$$

Si B_k est inversible, alors de la première équation, on tire s_k et on remplace dans la deuxième, il vient :

$$\begin{cases} s_k = -B_k^{-1} [G'(z_k)]^* \lambda_{k+1} - B_k^{-1} \varphi'(z_k), \\ -G'(z_k) B_k^{-1} [G'(z_k)]^* \lambda_{k+1} = G'(z_k) B_k^{-1} \varphi'(z_k) - G(z_k). \end{cases}$$

Posons

$$M_k = G'(z_k) B_k^{-1} [G'(z_k)]^*,$$

on démontre que l'opérateur M_k est inversible : En effet, supposons le contraire alors :

$$\exists y \neq 0 : M_k y = 0,$$

d'où
$$\langle M_k y, y \rangle = 0, \ i.e.,$$
$$\langle (G'(z_k) B_k^{-1} [G'(z_k)]^*) y, y \rangle_Y = 0_{\mathbb{R}}$$
$$\langle B_k^{-1} [G'(z_k)]^* y, [G'(z_k)]^* y \rangle_X = 0.$$

On conclut que :
$$[G'(z_k)]^* y = 0$$

L'opérateur $G'(z_k)$ étant surjectif, $[G'(z_k)]^*$ est donc injectif d'où $y = 0$. Contradiction ! On a donc les égalités sivantes :

$$\begin{cases} \lambda_{k+1} = -[G'(z_k) B_k^{-1} [G'(z_k)]^*]^{-1} [G'(z_k) B_k^{-1} \varphi'(z_k) - G(z_k)], \\ s_k = -B_k^{-1} [G'(z_k)]^* \lambda_{k+1} - B_k^{-1} \varphi'(z_k); \end{cases} \quad (2.19)$$

par conséquent,

$$\begin{cases} \lambda_{k+1} = -[G'(z_k) B_k^{-1} [G'(z_k)]^*]^{-1} [G'(z_k) B_k^{-1} \varphi'(z_k) - G(z_k)], \\ s_k = -B_k^{-1} \{ I - [G'(z_k)]^* [G'(z_k) B_k^{-1} [G'(z_k)]^*]^{-1} G'(z_k) B_k^{-1} \} \varphi'(z_k) \\ \qquad - B_k^{-1} [G'(z_k)]^* [G'(z_k) B_k^{-1} [G'(z_k)]^*]^{-1} G(z_k). \end{cases} \quad (2.20)$$

Les méthodes de quasi-Newton, pour résoudre le système (KT) correspondant à (2.4) sont, ainsi, itératives et engendrent, à partir de $z_0 \in Z$, $\lambda_0 \in Y$ et $B_0 \in \mathcal{L}(Z)$, les suites $\{z_k\} \subset Z$ approximants z^* et $\{B_k\} \subset \mathcal{L}(Z)$ approximants $\mathcal{L}''_z(z_k, \lambda_k)$, par les formules :

$$B_k s_k = -\mathcal{L}'_z(z_k, \lambda_{k+1}) \quad (2.21)$$
$$z_{k+1} = z_k + s_k \quad (2.22)$$
$$B_{k+1} = B_k + T_k, k = 0, 1, ... \quad (2.23)$$

avec l'équation sécante

$$B_{k+1} s_k = y_k, \quad (2.24)$$
$$y_k = \mathcal{L}'_z(z_{k+1}, \lambda_{k+1}) - \mathcal{L}'_z(z_k, \lambda_{k+1}) \quad (2.25)$$

où $T_k \in \mathcal{L}(Z)$ est une correction dépendant de z_k, z_{k+1} et B_k.

Remarque 2.2. *Rappelons qu'une hypothèse naturelle assurant que les points stationnaires donnent des optimum locaux est l'α-coercivité du hessien par rapport à l'état sur le noyau du linéarisé du domaine. Aussi, assurer l'α-coercivité des opérateurs B_k sur le noyau de la linéarisation du domaine au point courant serait une condition intéressante pour la convergence.*

2.3 Convergence locale et vitesses de convergence

2.3.1 convergence linéaire

Nous supposerons, dans la suite, que les hypothèses suivantes sont satisfaites :

($\mathcal{H}_1$) φ et G sont LC^2 dans $U_0 \subset Z$, ensemble convexe et ouvert.

($\mathcal{H}_2$) $\exists (z^*, \lambda^*) \in U_0 \times Y$ solution de (KT) telle que

$$\|\mathcal{L}''_z(z,\lambda) - \mathcal{L}''_z(z^*,\lambda^*)\| \leq L\|z - z^*\|, \forall (z,\lambda) \in U_0 \times B(\lambda^*, \mu).$$

($\mathcal{H}_3$) $\Lambda = \mathcal{L}''_z(z^*, \lambda^*)$ est α−coercif sur $KerG'(z^*)$ (Condition suffisante du 2nd ordre du Th.2.3).

Remarque 2.3. *L'hypothèse ($\mathcal{H}_3$) assure d'une part, que l'opérateur $F'(z^*, \lambda^*)$ défini par la formule (2.12) est inversible; d'autre part, les solutions du système (KT) sont des optimums locaux de (2.4).*

Théorème 2.4. *Supposons les hypothèses ($\mathcal{H}_1$)-($\mathcal{H}_3$) satisfaites.*

Si de plus, $\exists \alpha_1, \alpha_2 \geq 0$ telles que la suite d'opérateurs $\{B_k\}$ satisfait

$$\|B_{k+1} - \Lambda\| \leq [1 + \alpha_1 \sigma_k]\|B_k - \Lambda\| + \alpha_2 \sigma_k \quad (2.26)$$

où $\sigma_k = \max\{\|z_{k+1} - z^*\|, \|z_k - z^*\|\}$. Alors

$\forall \gamma \in (0,1), \exists \eta = \eta(\gamma), \delta = \delta(\gamma)$ et $\mu = \mu(\gamma) > 0$ tels que si B_0 et z_0 satisfont

$$\|z_0 - z^*\| < \eta \text{ et } \|B_0 - \Lambda\| < \delta,$$

la suite $\{(z_k, \lambda_k)\}$ engendrée par une méthode quasi-Newton de type B, est bien définie dans $U_0 \times B(\lambda^*, \mu)$ et converge linéairement vers (x^*, λ^*). En outre, B_k^{-1} existe et les suites $\{\|B_k\|\}$ et $\{\|B_k^{-1}\|\}$ sont uniformément bornées.

Démonstration. La preuve repose essentiellement sur le Théorème (1.3). Rappelons que $W = Z \times Y$ est un espace de Hilbert muni du produit scalaire et de la norme définis par :

$$\langle w_1, w_2 \rangle_W = \langle z_1, z_2 \rangle_Z + \langle \lambda_1, \lambda_2 \rangle_Y, \forall w_1 = (z_1, \lambda_1) \in W, w_2 = (z_2, \lambda_2) \in W,$$
$$\|w\|_W = (\|z\|_Z^2 + \|\lambda\|_Y^2)^{1/2}, \forall w = (z, \lambda) \in W.$$

L'équation (2.10) est de la forme $F(w) = 0_W$. Si B_k est une approximation de $\mathcal{L}''_z(z_k, \lambda_k)$, on note
$$\widetilde{B}_k = \begin{pmatrix} B_k & [G'(z_k)]^* \\ G'(z_k) & 0 \end{pmatrix}, \qquad (2.27)$$
l'approximation de $F'(w_k) = F'(z_k, \lambda_k) = \begin{pmatrix} \mathcal{L}''_z(z_k, \lambda_k) & [G'(z_k)]^* \\ G'(z_k) & 0 \end{pmatrix}$, et
$$\widetilde{\Lambda} = \begin{pmatrix} \Lambda & [G'(z^*)]^* \\ G'(z^*) & 0 \end{pmatrix} = F'(z^*, \lambda^*). \qquad (2.28)$$

a) Les hypothèses $(\mathcal{H}_1)$-$(\mathcal{H}_2)$ entrainent que F est $LC^1, i.e.$ F est C^1 et à dérivée Lipchitz. En effet,
$$\begin{aligned} \|F'(z,\lambda) - F'(z^*, \lambda^*)\| &\leq \|\mathcal{L}''_z(z,\lambda) - \mathcal{L}''_z(z^*, \lambda^*)\| + 2\|G'(z) - G'(z^*)\| \\ &\leq (L+2K)\|z-z^*\|. \end{aligned}$$

b) L'hypothèse $(\mathcal{H}_3)$ implique l'inversibilité de $\widetilde{\Lambda}$.

c) On vérifie que $\widetilde{B}_k$ satisfait une condition de la forme
$$\|\widetilde{B}_{k+1} - \widetilde{\Lambda}\| \leq [1 + \tilde{\alpha}_1 \tilde{\sigma}_k] \|\widetilde{B}_k - \widetilde{\Lambda}\| + \tilde{\alpha}_2 \tilde{\sigma}_k,$$
où $\tilde{\sigma}_k = \max\{\|(z_{k+1} - z^*, \lambda_{k+1} - \lambda^*)\|, \|(z_k - z^*, \lambda_k - \lambda^*)\|\}$ et $\tilde{\alpha}_1$, $\tilde{\alpha}_2$ sont deux constantes positives.

Ainsi, toutes les conditions du Théorème (1.3) sont satisfaites et par conséquent la suite $\{(z_k, \lambda_k)\}$ convergence linéairement vers (z^*, λ^*), c'est-à-dire $\exists \tilde{\gamma} \in (0,1)$ tel que
$$\|(z_{k+1} - z^*, \lambda_{k+1} - \lambda^*)\| \leq \tilde{\gamma} \|(z_k - z^*, \lambda_k - \lambda^*)\|,$$
ou encore,
$$\|z_{k+1} - z^*\|^2 + \|\lambda_{k+1} - \lambda^*\|^2 \leq \sqrt{\tilde{\gamma}}(\|z_k - z^*\|^2 + \|\lambda_k - \lambda^*\|^2). \qquad (2.29)$$

∎

Remarque 2.4. *Le Théorème (2.4) prouve la convergence linéaire du couple $\{(z_k, \lambda_k)\}$ et non pas la convergence linéaire de $\{z_k\}$.*

Une réponse à la convergence linéaire de $\{z_k\}$, dans le cas de la dimension finie, a été donnée par BOGGS et al. [9] dans le théorème suivant :

Théorème 2.5. *(Boggs et al. [9]) Sous les mêmes hypothèses. On suppose qu'il existe $\eta > 0$ tel que $\|B_k^{-1}\| \leq \eta$. Si $\exists \varepsilon, \xi > 0$ telles que*

$$\|z_0 - z^*\| < \xi,$$
$$\|P(z^*)(B_k - \mathcal{L}_z''(z^*, \lambda^*))\| < \varepsilon$$

où $P(z) = I - G'(z)[G'(z)^*G'(z)]^{-1}G'(z)^*$ est l'opérateur de projection sur l'espace tangent au domaine des contraintes.

Alors la suite $\{z_k\}$ engendrée par

$$z_{k+1} = z_k - B_k^{-1}\mathcal{L}_z'(z_k, \Lambda_k(z_k)),$$

est bien définie et converge linéairement vers z^*; avec

$$\Lambda_k(z) = [G'(z)^*B_k^{-1}G'(z)]^{-1}[G(z) - G'(z)^*B_k^{-1}\varphi'(z)].$$

2.3.2 Convergence superlinéaire

Là encore, le Théorème (1.9) permet de caractériser la convergence superlinéaire du couple $\{(z_k, \lambda_k)\}$. Le théorème suivant donne les conditions suffisantes pour celà.

Théorème 2.6. *Sous les mêmes hypothèses du Théorème (2.4),*

alors la suite $\{(z_k, \lambda_k)\}$ converge superlinéairement vers (z^*, λ^*) si

$$\lim_{k \to \infty} \frac{\|(B_k - \mathcal{L}_z''(z^*, \lambda^*))s_k\|}{\|s_k\|} = 0. \quad (2.30)$$

Démonstration. Sous les hypothèses du Théorème (2.4), la suite $\{(z_k, \lambda_k)\}$ converge linéairement et sa convergence superlinéaire est caractérisée par la condition de Dennis-Moré :

$$\lim_{k \to \infty} \frac{\|(\widetilde{B_k} - \widetilde{\Lambda})\tilde{s}_k\|}{\|\tilde{s}_k\|} = 0, \quad (2.31)$$

où $\widetilde{B_k}$ et $\widetilde{\Lambda}$ sont définies par (2.27-2.28), $\tilde{s}_k = (s_k, \delta_k)$ avec $s_k = z_{k+1} - z_k$ et $\delta_k = \lambda_{k+1} - \lambda_k$.

On a $\|\tilde{s}_k\| = (\|s_k\|^2 + \|\delta_k\|^2)^{1/2}$ et

$$(\widetilde{B_k} - \widetilde{\Lambda})\tilde{s}_k = \begin{pmatrix} (B_k - \Lambda)s_k - [G'(z_k) - G'(z^*)]^*\delta_k \\ [G'(z_k) - G'(z^*)]s_k \end{pmatrix}.$$

Sachant que $\|\tilde{s}_k\| \geq \|s_k\|$, $\|\tilde{s}_k\| \geq \|\delta_k\|$ et que l'opérateur $G'(z)$ est Lipschitz au point z^*, on obtient

$$\frac{\|(\widetilde{B_k} - \widetilde{\Lambda})\tilde{s}_k\|}{\|\tilde{s}_k\|} \leq \frac{\|(B_k - \Lambda)s_k\|}{\|s_k\|} + 2K\|z_k - z^*\|,$$

où K est la constante de Lipschitzité de $G'(z)$.

La condition de Dennis-Moré pour B_k et la convergence de $\{z_k\}$ assurent la condition de Dennis-Moré pour $\widetilde{B_k}$. ∎

Il est à noter que c'est à Boggs et al. (1982) [9], que nous devons la caractérisation de la convergence superlinéaire en z seul, des problèmes d'optimisation avec contraintes égalité mais en dimension finie.

Théorème 2.7. *(Boggs et al. [9]) Soit $\{(z_k, \lambda_k)\}$ une suite satisfaisant le système (2.17) où $\{B_k\}$ est une suite d'opérateurs auto-adjoints, inversibles et uniformément bornés telles que :*

$$\exists \beta > 0, \forall k : \langle y, B_k y \rangle \geq \beta \|y\|^2, \forall y \neq 0 : G'(z^*)^* y = 0. \quad (2.32)$$

On suppose, de plus, que $\{z_k\}$ converge linéairement vers z^*. Alors $\{z_k\}$ converge superlinéairement si et seulement si

$$\lim_{k \to \infty} \frac{\|P(z_k)(B_k - \mathcal{L}_z''(z^*, \lambda^*))s_k\|}{\|s_k\|} = 0, \quad (2.33)$$

Remarque 2.5. *1) Cette condition est une généralisation naturelle de la condition de Dennis-Moré au cas contraint.*

2) Si on suppose la convergence superlinéaire faible, la convergence superlinéaire forte en dimension infinie a lieu si la suite d'opérateurs $D_k = P(z_k)(B_k - \mathcal{L}_z''(z^*, \lambda^*))$ est collectivement compact; et d'après le Lemme (1.4), ce sera le cas si $D_0 = P(z_0)(B_0 - \mathcal{L}_z''(z^*, \lambda^*))$ est compact (pour la mise à jour de Broyden).

2.4 Analyse de la convergence globale

Afin de garantir une convergence globale des méthodes quasi-Newtoniennes, c'est à dire la convergence a lieu même si l'estimation initiale x_0 est choisie loin de la solution x^*, une technique usuelle étant la recherche linéaire (voir [63]).

Elle consiste à introduire un pas de recherche $\alpha_k > 0$ dans la formule (2.22) et de calculer les itérés par :

$$x_{k+1} = x_k + \alpha_k d_k \qquad (2.34)$$
$$d_k = -B_k^{-1}\nabla_x l(x_k, \lambda_{k+1}) \qquad (2.35)$$

En général, le pas $\alpha_k > 0$ est choisit telle que

$$\phi_{\mu_k}(x_k + \alpha_k d_k) < \phi_{\mu_k}(x_k), \qquad (2.36)$$

où $\phi_\mu(x)$ est une fonction de mérite (ou fonction de pénalisation) adéquate dépendant du paramètre μ et d_k est une solution optimale du problème (SQP). Ce qui revient à supposer que la dérivée directionnelle de $\phi_{\mu_k}(\cdot)$ en x_k, dans la direction d_k, soit telle que

$$\phi'_{\mu_k}(x_k; d_k) < 0 \qquad (2.37)$$

Il est vital que d_k soit une direction de descente pour $\phi_{\mu_k}(x)$ en x_k; sinon l'existence de α_k satisfaisant (2.36) n'est pas assurée. Ceci limite le choix des B_k aux opérateurs définis positifs ; condition qui n'est pas naturelle du fait que B_k approche $\nabla_x^2 l(x_k, \lambda_k)$, qui peut être indéfinie. Il existe beaucoup de fonctions de mérite (voir [10, 8]), nous citons, à titre d'exemples :

1) La fonction de Lagrange $l(x, \lambda)$, dans le cas de données convexes, c'est à dire f et c_i, $i = 1, ..., p$ convexes. Dans ce cas, on impose que $\{B_k\}$ soit une suite d'opérateurs auto-adjoints et définis positifs ce qui garantis que d_k soit une direction de descente pout tout k, i.e.

$$\langle \nabla_x l(x_k, \lambda_{k+1}), d_k \rangle < 0 \qquad (2.38)$$

Cette propriété implique que la fonction $l(x, \lambda_{k+1})$ décroît le long de cette direction.

Si les données ne sont pas convexes, la fonction de mérite qui s'avère la plus utiliseé est

2) La fonction de pénalité exacte

$$\phi_\mu(x) = f(x) + \mu \|c(x)\|, \qquad (2.39)$$

où $\|\cdot\|$ est une norme quelconque $\mu > 0$.

Notons que $\phi_\mu(x)$ n'est pas différentiable aux points x satisfaisant $c(x) = 0$, les valeurs que nous voulons atteindre ! Mais pour des fonctions f, c assez régulières, $\phi_\mu(\cdot)$ possède une dérivée directionnelle $\phi'_\mu(x;d)$. Le résultat suivant explique ce choix de la fonction de mérite.

Théorème 2.8. *[8] Supposons que $f, c \in C^2$ et que x^* soit un minimum local isolé de (2.4) avec λ^* le multiplicateur de Lagrange associé. Alors x^* est aussi un minimum local isolé de $\phi_\mu(x)$, pour $\mu > \|\lambda^*\|_D$, où $\|\cdot\|_D$ est la norme duale*

$$\|\lambda^*\|_D = \sup_{x \neq 0} \frac{\langle \lambda, x \rangle}{\|x\|}$$

Nous pouvons, donc, utiliser ce choix de $\phi_\mu(x)$ dans la globalisation de la méthode (SQP) comme suit :

Théorème 2.9. *[8] Supposons que les opérateurs B_k sont définis positifs et que (d_k, λ_{k+1}) est le couple solution-multiplicateur du problème (SQP). Alors si x_k n'est pas un point critique du premier ordre, pour $\mu_k > \|\lambda_{k+1}\|_D$, d_k est une direction de descente pour $\phi_{\mu_k}(x)$ en x_k.*

Remarque 2.6. *Pour le cas sans contraintes, la fonction de mérite $\phi_\mu(x)$ est égale à la fonction objectif $f(x)$.*

2.4.1 Calcul du pas de recherche

Dans le calcul du pas de recherche α_k, nous devons faire un compromis. Nous voudrions choisir α_k pour garantir une réduction substantielle de $\phi_{\mu_k}(\cdot)$. Mais, en même temps, nous ne voulons pas passer trop de temps dans le calcul de α_k. Le choix idéal serait de le prendre égal au minimum global de la fonction monovariable $\varphi(\cdot)$ définie par

$$\varphi(\alpha) = \phi_{\mu_k}(x_k + \alpha d_k), \alpha > 0. \tag{2.40}$$

Mais, en général, il est très coûteux numériquement d'identifier cette valeur. Même pour déterminer un minimum local de φ avec une précision modérée exige généralement beaucoup d'évaluations de la fonction objective $\phi_{\mu_k}(\cdot)$ et probablement de sa dérivée directionnelle $\phi'_{\mu_k}(x;d)$. Pour toutes ces raisons, des stratégies plus pratiques sont développées qui déterminent un pas de recherche approché réalisant une réduction acceptable de $\phi_{\mu_k}(\cdot)$ avec un coût minimal.

Plusieurs règles sont discutées dans [38], [71] et [10] pour les problèmes d'optimisation sans contraintes. Nous citons ici certaines d'entre elles :

Pour les problèmes d'optimisation avec contraintes, il faut juste remplacer $f(x)$ par $\phi_{\mu_k}(x)$; $\langle \nabla f(x_k), d_k \rangle$ par $\phi'_{\mu_k}(x_k; d_k)$ et $\langle \nabla f(x_k + \alpha_k d_k), d_k \rangle$ par $\phi'_{\mu_k}(x_k + \alpha_k d_k; d_k)$.

Règle d'Armijo

Soit $\gamma \in (0,1)$ donné. Le pas de recherche $\alpha_k = \gamma^{n(k)}$ est déterminé par le plus petit nombre entier $n(k)$ qui satisfait les inégalités :

$$\begin{aligned} f(x_k + \alpha_k d_k) &\leq f(x_k) + \gamma \alpha_k \langle \nabla f(x_k), d_k \rangle \\ f(x_k + \gamma^{-1} \alpha_k d_k) &\geq f(x_k) + \alpha_k \langle \nabla f(x_k), d_k \rangle \end{aligned}$$

Règle de Goldstein

Ici $\gamma \in (0, 0.5)$. Le pas $\alpha_k > 0$ satisfait

$$\begin{aligned} f(x_k) + (1-\gamma)\alpha_k \langle \nabla f(x_k), d_k \rangle &\leq f(x_k + \alpha_k d_k) \\ &\leq f(x_k) + \gamma \alpha_k \langle \nabla f(x_k), d_k \rangle \end{aligned}$$

Règle de Wolfe

Dans cette règle, le pas de recherche α_k satisfait les deux inégalités, connues sous l'appellation de conditions de Wolfe

$$\begin{aligned} f(x_k + \alpha_k d_k) &\leq f(x_k) + \omega_1 \alpha_k \langle \nabla f(x_k), d_k \rangle \\ \langle \nabla f(x_k + \alpha_k d_k), d_k \rangle &\geq \omega_2 \langle \nabla f(x_k), d_k \rangle \end{aligned}$$

où $0 < \omega_1 < \omega_2 < 1$. La première inégalité donne une décroissance suffisante de la fonction objective f, alors que la seconde, appelée condition de courbure, empêche le pas de recherche d'être trop petit. Dans la pratique, $\omega_2 = 0.99$ et $\omega_1 = 10^{-4}$.

Chapitre 3

Les méthodes de quasi-Newton et problèmes de grande taille

3.1 Introduction

Les problèmes d'optimisation pratiques sont, en général, non linéaires et de grande taille ; citons par exemple, les problèmes d'investissement ou de gestion optimale qui peuvent comporter des centaines de milliers de variables et contraintes. De même que les problèmes de l'ingénieur qui sont modélisables en problèmes d'équations différentielles ou aux dérivées partielles ou de contrôle de celles-ci et dont la résolution nécessite une phase de discrétisations engendrant automatiquement des problèmes de grande taille.

On définit la taille d'un problème d'optimisation par la somme du nombre n de variables et du nombre m de contraintes. Si les méthodes de type quasi-Newton sont applicables avec succès aux problèmes de taille modérée, voir [72], il n'en va pas de même pour les problèmes de grande taille, car l'espace mémoire requis pour stocker les approximations du hessien ou de son inverse devient vite important lorsque n est grand.

C'est Nocedal [70] qui en 1980 a introduit les formules quasi-Newton dites à mémoire limitée en optimisation sans contrainte. Ces formules modifient les techniques de mise en oeuvre pratiques des méthodes quasi-Newton pour obtenir des approximations du hessien ou de son inverse stockables de manière compacte. De nombreuses études numériques sur des problèmes de grande taille ont montré que ces méthodes sont assez efficaces, robustes et peu coûteuses en espace mémoire et en temps de calculs ([33], [69]), mais ne convergent pas rapidement ! !

Les problèmes de grande taille sont souvent issus de problèmes continus discrétisés en temps et/ou en espace, ce qui donne naturellement lieu à des problèmes de grande taille à Hessien creux. C'est Toint [80] et Thapa [78] qui en 1981 ont développé une approche donnant l'existence et la convergence des approximations de type quasi-Newton en préservant la structure creuse de la matrice hessienne.

Haubruge et Nguyen (1994) [40] ont alors adapté aux matrices diagonales la théorie générale établie pour des matrices creuses. Malheureusement, cette approche s'est avérée d'éfficacité assez moyenne.

Une autre adaptation est basée sur la propriété dite de séparabalité de la fonction objective des problèmes de grande taille, c'est à dire, pouvant se décomposer comme somme de fonctions faisant intervenir chacune un petit nombre de variables. Des approches effectives exploitant cette propriété ont été développées, voir [35, 36]. Les méthodes correspondantes convergent rapidement et sont robustes, mais nécessitent des informations détaillées à priori sur la fonction objective, ce qui est en général difficile à obtenir dans les applications.

Quant à nous, nous proposons la décomposition en blocs des matrices d'approximations H_k (resp., B_k), qui sont alors de grande taille. Des formules de mise à jour par blocs sont démontrées, ce qui permet de manipuler des blocs de taille moindres. Mais au préalable, nous rappelons brièvement les méthodes citées ci-dessus, en insistant sur leurs avantages et inconvénients.

3.2 Méthodes BFGS à mémoire limitée

Il existe de nombreuses méthodes à mémoires limitées dont certaines sont adaptées à la résolution des équations non linéaires (méthode de Broyden à mémoires limitée, [73], par exemple), d'autres à la résolution des problèmes d'optimisation pour les quelles nous pouvons citer la méthode de $BFGS$ à mémoires limitée, (voir, [33, 57, 68, 70, 71], pour l'optimisation libre et [14, 10], pour l'optimisation contrainte). Afin d'alléger la présentation, nous la faisons pour la méthode de $BFGS$ à mémoire limitée, appliquée aux problèmes d'optimisation libre.

Rappelons que la formule de $BFGS$ de type B en dimension finie est

$$B_{k+1} = B_k + \frac{y_k y_k^T}{s_k^T y_k} - \frac{B_k s_k s_k^T B_k}{s_k^T B_k s_k} \qquad (3.1)$$

où s_k et y_k sont deux vecteurs de $\mathbb{R}^n$.

L'idée des méthodes à mémoire limitée ($l - BFGS$, en abrégé) introduite par Nocedal [70] en 1980, s'appuie sur la remarque que, dans (3.1), la matrice B_k est corrigée à l'aide d'un couple de vecteurs (s_k, y_k). La méthode $l - BFGS$ consiste à ne conserver en mémoire qu'un petit nombre de ces couples, noté m_l, pour reconstruire rapidement la matrice B_{k+1}. Quand la capacité de stockage est atteinte, on élimine alors la paire de vecteurs la plus anciennne pour la remplacer par la dernière calculée.

3.2.1 Formule récursive et complexité

On peut écrire la formule (3.1) sous la forme

$$B_{k+1} = B_k - a_k a_k^T + b_k b_k^T, \qquad (3.2)$$

où les vecteurs a_k et b_k sont définis par

$$a_k = \frac{B_k s_k}{(s_k^T B_k s_k)^{1/2}} \text{ et } b_k = \frac{y_k}{(s_k^T y_k)^{1/2}}. \qquad (3.3)$$

Une méthode ($l - BFGS$) serait de définir une matrice initiale B_k^0 à chaque itération et la mise à jour de la matrice B_k se ferait alors par la formule suivante

$$B_k = B_k^0 + \sum_{i=k-m_l}^{k-1} (b_i b_i^T - a_i a_i^T). \qquad (3.4)$$

Les paires de vecteurs $\{a_i, b_i\}$ pour ($i = k - m_l, ..., k - 1$) seraient alors calculées à partir des vecteurs $\{s_i, y_i\}$ ($i = k - m_l, ..., k - 1$) à l'aide de la procédure suivante :

Pour $i = k - m_l, ..., k - 1$

$b_i \leftarrow y_i/(s_i^T y_i)^{1/2}$

$$a_i \leftarrow B_k^0 s_i + \sum_{j=k-m_l}^{i-1} [(b_j^T s_i)b_j - (a_j^T s_i)a_j]$$

$$a_i \leftarrow a_i/(s_i^T a_i)^{1/2}$$

fin (pour)

Remarque 3.1. *1) Les vecteurs a_i doivent être recalculés à chaque itération alors que le vecteur b_i et la valeur $b_j^T s_i$ peuvent être conservés en mémoire au cours des itérations.*

2) Si $B_k^0 = I_n$, on vérifie que le coût total de mise à jour et de calcul est de $\frac{3}{2}m_l^2 n + 4m_l n$ opérations. Lorsque le nombre de variables n est important, cette approche est donc plus efficace que la méthode de BFGS à mémoire pleine qui nécessitent $3n^2 + 3n$ opérations.

3.2.2 Représentation compacte

Le résultat suivant donne la représentation compacte de ces formules introduites dans [15] :

Théorème 3.1. *Soit B_0 une matrice symétrique définie positive. Supposons que les 2k vecteurs $\{s_i, y_i\}_{i=0}^{k-1}$ de $\mathbb{R}^n$ satisfassent $s_i^T y_i > 0$*

$\forall i \in \{0, ..., k-1\}$. Soit B_k la matrice obtenue après k mises à jour de la matrice B_0 avec la formule de BFGS (3.1) en utilisant ces vecteurs. On a alors

$$B_k = B_0 - [B_0 S_k \; Y_k] \begin{bmatrix} S_k^T B_0 S_k & L_k \\ L_k^T & -D_k \end{bmatrix}^{-1} \begin{bmatrix} S_k^T B_0 \\ Y_k^T \end{bmatrix}, \quad (3.5)$$

où S_k et Y_k sont les deux matrices de taille $n \times k$ définies par :

$$S_k = [s_0, ..., s_{k-1}] \text{ et } Y_k = [y_0, ..., y_{k-1}], \quad (3.6)$$

où L_k est la matrice triangulaire inférieure de taille $k \times k$ définie par :

$$(L_k)_{ij} = \begin{cases} s_{i-1}^T y_{j-1} & \text{si } i > j \\ 0 & \text{sinon} \end{cases} \quad (3.7)$$

et D_k est la matrice diagonale de taille $k \times k$ définie par :

$$D_k = diag[s_0^T y_0, ..., s_{k-1}^T y_{k-1}]. \quad (3.8)$$

Remarque 3.2. *La condition $s_i^T y_i > 0, \forall i \in \{0, ..., k-1\}$ assure que la matrice (3.5) soit bien définie.*

Une fois le nombre maximal m_l, de paires à sauvegarder, atteint, la procédure de mise à jour doit être légèrement modifiée pour prendre en compte la nature des paires de vecteurs sauvegardées $\{s_i, y_i\}$ pour i variant de $k - m_l$ à $k - 1$.

On définit alors les matrices S_k et Y_k de taille $n \times m_l$ par

$$S_k = [s_{k-m_l}, ..., s_{k-1}] \text{ et } Y_k = [y_{k-m_l}, ..., y_{k-1}]. \tag{3.9}$$

On obtient la matrice B_k après m_l mises à jour de la matrice B_0 :

$$B_k = B_0 - [B_0 S_k \, Y_k] \begin{bmatrix} S_k^T B_0 S_k & L_k \\ L_k^T & -D_k \end{bmatrix}^{-1} \begin{bmatrix} S_k^T B_0 \\ Y_k^T \end{bmatrix}, \tag{3.10}$$

où L_k est la matrice triangulaire inférieure de taille $m_l \times m_l$ définie par

$$(L_k)_{ij} = \left\{ \begin{array}{cc} s_{k-m_l-1+i}^T y_{k-m_l-1+j} & si\ i > j \\ 0 & sinon \end{array} \right\} \tag{3.11}$$

et D_k est la matrice diagonale de taille $m_l \times m_l$ définie par

$$D_k = diag[s_{k-m_l}^T y_{k-m_l}, ..., s_{k-1}^T y_{k-1}]. \tag{3.12}$$

Une fois le nouvel itéré x_{k+1} calculé, on obtient la matrice S_{k+1} en effaçant le vecteur s_{k-m_l} de S_k et en le remplaçant par le vecteur s_k. On met à jour la matrice Y_{k+1} de manière similaire. La matrice diagonale D_{k+1} est mise à jour en effaçant le produit $s_{k-m_l}^T y_{k-m_l}$ et en le remplaçant par le produit $s_k^T y_k$. On passe finalement de la matrice L_k à la matrice L_{k+1} en effaçant la première colonne de la matrice L_k ; en décalant la matrice restante ; et en calculant les $n - 1$ produits scalaires $s_k^T y_{k-m_l+i}$ pour i variant de 1 à m_l.

Remarque 3.3. *1) Cette représentation diminue le coût total de mise à jour et de calcul; il passe de $\frac{3}{2}m_l^2 n + 4m_l n$ à $2m_l n + (4m_l + 1)n$ opérations.*

2) Des représentations compactes peuvent être dérivées pour les matrices engendrées par la méthode symétrique de rang un (SR1) définie par

$$B_{k+1} = B_k + (y_k - B_k s_k)(y_k - B_k s_k)^T / \langle y_k - B_k s_k, s_k \rangle. \tag{3.13}$$

(Voir [71], pour les détails).

3.3 Méthodes à mises à jour préservant la structure creuse

Même si de nombreux problèmes de grande taille se caractérisent par une matrice hessienne creuse, quasi-diagonale ou à diagonale dominante, les formules de mise à jour classiques perdent ces propriétés. En 1981, Toint [80] et Thapa ([78, 79]) ont développé une théorie assurant l'existence et la convergence des approximations de type quasi-Newton tout en préservant la structure creuse de la matrice hessienne.

Supposons qu'on connaisse les coefficients non nuls de la matrice hessienne en un point du domaine réalisable. On définit l'ensemble

$$\Omega(x) = \{(i,j) : [\nabla^2 f(x)]_{ij} \neq 0 \text{ pour un certain } x \text{ dans le domaine de } f\}.$$

On cherche donc B_{k+1} comme solution du programme quadratique suivant :

$$\min_B \|B - B_k\|_F^2 = \sum_{(i,j)\in\Omega} [B_{ij} - (B_k)_{ij}]^2, \qquad (3.14)$$
$$Bs_k = y_k, \ B = B^T \text{ et } (B_k)_{ij} = 0, (i,j) \notin \Omega.$$

Cette solution existe mais rien ne garantit qu'elle est définie positive.

Nous devons à Fletcher et al. ([29, 30]), une étude des mises à jour de quasi-Newton préservant la stucture creuse. Haubruge et Nguyen (1994) [40], quant à eux, ont adapté aux matrices diagonales la théorie générale établie pour des matrices creuses. Malheureusement, les mises à jour ne sont pas nécessairement définies positives. De plus, on perd la garantie que la nouvelle approximation diagonale satisfasse la condition de quasi-Newton.

3.4 Méthodes à mises à jour pour fonctions partiellement séparables

On définit tout d'abord, le concept de partielle séparabilité introduit par Griewank et Toint ([35, 36])

Définition 3.1. *On dit qu'une fonction* $f : \mathbb{R}^n \to \mathbb{R}$ *est partiellement séparable si*

$$f(x) = \sum_{i=1}^l f_i(x), \qquad (3.15)$$

où chaque fonction f_i dépend seulement d'un petit nombre de composantes de x. En d'autres termes, f s'écrit sous la forme

$$f(x) = \sum_{i=1}^{l} \phi_i(U_i x), \qquad (3.16)$$

où U_i est une matrice d'ordre $n_i \times n$ avec $n_i \ll n$.

Par dérivation de (3.16), on obtient :

$$\nabla f(x) = \sum_{i=1}^{l} U_i^T \nabla \phi_i(U_i x), \qquad (3.17)$$

$$\nabla^2 f(x) = \sum_{i=1}^{l} U_i^T \nabla^2 \phi_i(U_i x) U_i,$$

il est donc naturel de chercher une approximation B de $\nabla^2 f(x)$ sous la forme :

$$B = \sum_{i=1}^{l} U_i^T B_{[i]} U_i, \qquad (3.18)$$

où $B_{[i]}$ est une approximation de $\nabla^2 \phi_i(U_i x)$.

Comme pour toute méthode quasi-Newtonienne, on remet à jour les approximations B de telle sorte que l'équation sécante soit satisfaite pour toute fonction composante, c'est-à-dire,

$$B_{[i]}^+ s_{[i]} = y_{[i]}, \qquad (3.19)$$

où $s_{[i]} = u_{[i]}^+ - u_{[i]}$ et $y_{[i]} = \nabla \phi_i(u_{[i]}^+) - \nabla \phi_i(u_{[i]})$. Ici, u^+ et u désignent les vecteurs des variables à l'itération $k+1$ et k, respectivement.

Notons que la mise à jour globale (directement sur f) est différente de la mise à jour locale (sur chaque f_i). Il n'est pas tout le temps possible d'utiliser la formule de $BFGS$ pour actualiser $B_{[i]}$, car il n'y a aucune garantie pour que la condition de courbure $s_{[i]}^T y_{[i]} > 0$ soit satisfaite. C'est à dire, malgré que la matrice hessienne $\nabla^2 f(x)$ soit au moins semi-définie positive en x^* (la solution optimale), certaines des matrices hessiennes partielles $\nabla^2 \phi_i(\cdot)$ peuvent être indéfinies. Pour surmonter cet obstacle, on applique la méthode ($SR1$) pour actualiser $B_{[i]}$, en faisant attention qu'elles soient bien définies.

Aprés avoir exposé brièvement les différentes approches à l'adaptation des méthodes quasi-Newton aux problèmes de grande taille, nous proposons dans ce qui suit, une nouvelle approche utilisant la décomposition en blocs des matrices d'approximations H_k (resp., B_k), qui sont alors de grande taille.

3.5 Méthodes quasi-Newtoniennes par blocs

Bien que les formules de mise à jour par blocs peuvent être établies pour toute méthode de quasi-Newton à correction de rang fini, nous les présentons pour les méthodes DFP et $BFGS$, qui sont les plus utilisées en pratique. Ainsi, ces formules permetterons de manipuler des blocs de petite taille, minimisant ainsi les erreurs de calculs.

Pour simplifier les notations, l'indice d'itération est noté par $+$.

Proposition 3.1. *(méthode DFP) Soit H_k une matrice carrée symétrique d'ordre n, décomposée en p^2 blocs $(A_{kl})_{k,l=1,...,p}$ d'ordres respectifs $n_k \times n_l$ avec $n_1 + ... + n_p = n$. La décomposition correspondante pour la matrice $H^+ = (A_{kl}^+)_{k,l=1,...,p}$ actualisée par la méthode DFP est donnée pour tous $k, l \in \{1,...,p\}$ par :*

$$A_{kl}^+ = A_{kl} + \frac{s_k s_l^T}{\sum_{i=1}^{p} s_i^T y_i} - \frac{\sum_{i=1}^{p}\sum_{j=1}^{p} A_{ki} y_i y_j^T A_{jl}}{\sum_{i=1}^{p}\sum_{j=1}^{p} y_i^T A_{ij} y_j} \qquad (3.20)$$

où $s = (s_1^T, s_2^T, ..., s_p^T)^T$, $y = (y_1^T, y_2^T, ..., y_p^T)^T$ et avec s_i (resp., y_i) un vecteur de $\mathbb{R}^{n_i}$ ($i = 1,...,p$).

Démonstration. Nous faisons un raisonnement par récurrence sur p.

Si $p = 1$, la relation (3.20) est trivialement vérifiée. Supposons que H soit décomposée en $(p+1)^2$ blocs :

$$H = \begin{bmatrix} A_{11} & A_{12} & \cdots & A_{1p} & A_{1(p+1)} \\ \vdots & \vdots & \cdots & \vdots & \vdots \\ A_{p1} & A_{p2} & \cdots & A_{pp} & A_{p(p+1)} \\ A_{(p+1)1} & A_{(p+1)2} & \cdots & A_{(p+1)p} & A_{(p+1)(p+1)} \end{bmatrix}$$

où $s = (s_1^T, s_2^T, ..., s_p^T, s_{p+1}^T)^T$, $y = (y_1^T, y_2^T, ..., y_p^T, y_{p+1}^T)^T$ avec s_i (resp., y_i) un vecteur de $\mathbb{R}^{n_i}$ ($i = 1, ..., p+1$) et $n_1 + n_2 + ... + n_p + n_{p+1} = n$.

H peut être décomposée de la manière suivante :

$$H = \begin{bmatrix} H_{11} & H_{12} \\ H_{21} & H_{22} \end{bmatrix}$$

où

$$H_{11} = \begin{bmatrix} A_{11} & A_{12} & \cdots & A_{1p} \\ \cdot & \cdot & \cdots & \cdot \\ \cdot & \cdot & \cdots & \cdot \\ \cdot & \cdot & \cdots & \cdot \\ A_{p1} & A_{p2} & \cdots & A_{pp} \end{bmatrix}, \quad H_{12} = \begin{bmatrix} A_{1(p+1)} \\ \cdot \\ \cdot \\ \cdot \\ A_{p(p+1)} \end{bmatrix},$$

$H_{21} = \begin{bmatrix} A_{(p+1)1} & A_{(p+1)2} & \cdots & A_{(p+1)p} \end{bmatrix}$ et $H_{22} = \begin{bmatrix} A_{(p+1)(p+1)} \end{bmatrix}$

Décomposons s et y de la façon suivante :

$$s = \begin{bmatrix} S_1 \\ S_2 \end{bmatrix}, \, y = \begin{bmatrix} Y_1 \\ Y_2 \end{bmatrix},$$

$$S_1 = \begin{bmatrix} s_1 \\ \cdot \\ \cdot \\ s_p \end{bmatrix}, \, S_2 = [s_{p+1}], \, Y_1 = \begin{bmatrix} y_1 \\ \cdot \\ \cdot \\ y_p \end{bmatrix}, \, Y_2 = [y_{p+1}]$$

Comme la propriété est vraie pour $p = 2$, on a :

$$H_{11}^+ = H_{11} + \frac{S_1 S_1^T}{\sum_{i=1}^{2} S_i^T Y_i} - \frac{\sum_{i=1}^{2}\sum_{j=1}^{2} H_{1j} Y_j Y_i^T H_{i1}}{\sum_{i=1}^{2}\sum_{j=1}^{2} Y_i^T H_{ij} Y_j} \qquad (3.21)$$

$$H_{12}^+ = H_{12} + \frac{S_1 S_2^T}{\sum_{i=1}^{2} S_i^T Y_i} - \frac{\sum_{i=1}^{2}\sum_{j=1}^{2} H_{1j} Y_j Y_i^T H_{i2}}{\sum_{i=1}^{2}\sum_{j=1}^{2} Y_i^T H_{ij} Y_j} \qquad (3.22)$$

$$H_{21}^+ = H_{21} + \frac{S_2 S_1^T}{\sum\limits_{i=1}^{2} S_i^T Y_i} - \frac{\sum\limits_{i=1}^{2}\sum\limits_{j=1}^{2} H_{2j} Y_j Y_i^T H_{i1}}{\sum\limits_{i=1}^{2}\sum\limits_{j=1}^{2} Y_i^T H_{ij} Y_j} \qquad (3.23)$$

$$H_{22}^+ = H_{22} + \frac{S_2 S_2^T}{\sum\limits_{i=1}^{2} S_i^T Y_i} - \frac{\sum\limits_{i=1}^{2}\sum\limits_{j=1}^{2} H_{2j} Y_j Y_i^T H_{i2}}{\sum\limits_{i=1}^{2}\sum\limits_{j=1}^{2} Y_i^T H_{ij} Y_j}. \qquad (3.24)$$

On a $\sum\limits_{i=1}^{2} S_i^T Y_i = \sum\limits_{i=1}^{p+1} s_i^T y_i$ et $\sum\limits_{i=1}^{2}\sum\limits_{j=1}^{2} Y_i^T H_{ij} Y_j = \sum\limits_{i=1}^{p+1}\sum\limits_{j=1}^{p+1} y_i^T A_{ij} y_j$.

De la formule (3.21), on a

$$\sum_{i=1}^{2}\sum_{j=1}^{2} H_{1j} Y_j Y_i^T H_{i1} = H_{11} Y_1 Y_1^T H_{11} + H_{11} Y_1 y_{p+1}^T H_{21}$$
$$+ H_{12} y_{p+1} Y_1^T H_{11} + H_{12} y_{p+1} y_{p+1}^T H_{21}$$

On montre que :

$$H_{11} Y_1 Y_1^T H_{11} = \left[\sum_{i=1}^{p}\sum_{j=1}^{p} A_{ki} y_i y_j^T A_{jl} \right]_{k,l=1,\ldots,p}$$

$$H_{11} Y_1 y_{p+1}^T H_{21} = \left[\sum_{i=1}^{p} A_{ki} y_i y_{p+1}^T A_{(p+1)l} \right]_{k,l=1,\ldots,p}$$

$$H_{12} y_{p+1} Y_1^T H_{11} = \left[\sum_{j=1}^{p} A_{k(p+1)} y_{p+1} y_j^T A_{jl} \right]_{k,l=1,\ldots,p}$$

$$H_{12} y_{p+1} y_{p+1}^T H_{21} = \left[A_{k(p+1)} y_{p+1} y_{p+1}^T A_{(p+1)l} \right]_{k,l=1,\ldots,p}$$

En replaçant dans (3.21), on obtient : $\forall k, l \in \{1, ..., p\}$

$$A_{kl}^+ = A_{kl} + \frac{s_k s_l^T}{\sum_{i=1}^{p+1} s_i^T y_i} - \frac{\sum_{i=1}^{p}\sum_{j=1}^{p} A_{ki} y_i y_j^T A_{jl} + \sum_{i=1}^{p} A_{ki} y_i y_{p+1}^T A_{(p+1)l}}{\sum_{i=1}^{p+1}\sum_{j=1}^{p+1} y_i^T A_{ij} y_j}$$

$$- \frac{\sum_{j=1}^{p} A_{k(p+1)} y_{p+1} y_j^T A_{jl} + A_{k(p+1)} y_{p+1} y_{p+1}^T A_{(p+1)l}}{\sum_{i=1}^{p+1}\sum_{j=1}^{p+1} y_i^T A_{ij} y_j},$$

c'est à dire

$$A_{kl}^+ = A_{kl} + \frac{s_k s_l^T}{\sum_{i=1}^{p+1} s_i^T y_i} - \frac{\sum_{i=1}^{p+1}\sum_{j=1}^{p+1} A_{ki} y_i y_j^T A_{jl}}{\sum_{i=1}^{p+1}\sum_{j=1}^{p+1} y_i^T A_{ij} y_j}.$$

De la même manière, on a pour la formule (3.22)

$$\sum_{i=1}^{2}\sum_{j=1}^{2} H_{1j} Y_j Y_i^T H_{i2} = H_{11} Y_1 Y_1^T H_{12} + H_{11} Y_1 y_{p+1}^T H_{22}$$

$$+ H_{12} y_{p+1} Y_1^T H_{12} + H_{12} y_{p+1} y_{p+1}^T H_{22},$$

et on montre que,

$$H_{11} Y_1 Y_1^T H_{12} = \left[\sum_{i=1}^{p}\sum_{j=1}^{p} A_{ki} y_i y_j^T A_{j(p+1)}\right]_{k,l=1,...,p}$$

$$H_{11} Y_1 y_{p+1}^T H_{22} = \left[\sum_{i=1}^{p} A_{ki} y_i y_{p+1}^T A_{(p+1)(p+1)}\right]_{k,l=1,...,p}$$

$$H_{12} y_{p+1} Y_1^T H_{12} = \left[\sum_{j=1}^{p} A_{k(p+1)} y_{p+1} y_j^T A_{j(p+1)}\right]_{k,l=1,...,p}$$

$$H_{12} y_{p+1} y_{p+1}^T H_{22} = \left[A_{k(p+1)} y_{p+1} y_{p+1}^T A_{(p+1)(p+1)}\right]_{k,l=1,...,p}.$$

D'où $\forall k \in \{1, ..., p\}, l = p+1$,

$$A^+_{k(p+1)} = A_{k(p+1)} + \frac{s_k s^T_{p+1}}{\sum_{i=1}^{p+1} s_i^T y_i} - \frac{\sum_{i=1}^{p+1}\sum_{j=1}^{p+1} A_{ki} y_i y_j^T A_{j(p+1)}}{\sum_{i=1}^{p+1}\sum_{j=1}^{p+1} y_i^T A_{ij} y_j}.$$

Pour la formule (3.23), on utilise la symètrie de H_{21} avec H_{12}, on obtient : $\forall l \in \{1, ..., p\}, k = p+1$,

$$A^+_{(p+1)l} = A_{(p+1)l} + \frac{s_{p+1} s^T_l}{\sum_{i=1}^{p+1} s_i^T y_i} - \frac{\sum_{i=1}^{p+1}\sum_{j=1}^{p+1} A_{(p+1)i} y_i y_j^T A_{jl}}{\sum_{i=1}^{p+1}\sum_{j=1}^{p+1} y_i^T A_{ij} y_j}.$$

En développant les numérateurs du troisième et quatrième terme de (3.24), on obtient :

$$\begin{aligned}A^+_{(p+1)(p+1)} &= A_{(p+1)(p+1)} + \frac{s_{(p+1)} s^T_{(p+1)}}{\sum_{i=1}^{p+1} s_i^T y_i} \\ &\quad - \frac{\sum_{i=1}^{p+1}\sum_{j=1}^{p+1} A_{(p+1)i} y_i y_j^T A_{j(p+1)}}{\sum_{i=1}^{p+1}\sum_{j=1}^{p+1} y_i^T A_{ij} y_j}\end{aligned}$$

Par conséquent, la relation (3.20) est vraie pour $p+1$, donc pour tout p. ∎

Remarque 3.4. *La décomposition de la matrice H en p^2 blocs, nous est imposée par la structure de la formule DFP.*

Le résultat suivant donne les formules de mise à jour par blocs pour la méthode $BFGS$.

Proposition 3.2. *(Méthode BFGS) Soit B une matrice carrée symétrique d'ordre n, décomposée en p^2 blocs $(C_{kl})_{k,l=1,...,p}$ d'ordres respectifs $n_k \times n_l$ avec $n_1 + ... + n_p = n$. La décomposition correspondante pour la matrice $B^+ =$*

$(C^+_{kl})_{k,l=1,...,p}$ actualisée par la méthode BFGS est donnée par :

$$C^+_{kl} = C_{kl} + \frac{y_k y_l^T}{\sum_{i=1}^{p} s_i^T y_i} - \frac{\sum_{i=1}^{p}\sum_{j=1}^{p} C_{ki} s_i s_j^T C_{jl}}{\sum_{i=1}^{p}\sum_{j=1}^{p} s_i^T C_{ij} s_j} \qquad (3.25)$$

où $s = (s_1^T, s_2^T, ..., s_p^T)^T$, $y = (y_1^T, y_2^T, ..., y_p^T)^T$ avec s_i et y_i sont des vecteurs de $\mathbb{R}^{n_i}$ $(i = 1, ..., p)$.

Démonstration. Du fait que l'on passe de la méthode DFP à la méthode $BFGS$ par la transformation :

$$s \leftrightarrow y, \ H \leftrightarrow B \text{ et } H^+ \leftrightarrow B^+,$$

on peut, sans trop de difficultés, déduire le résultat analogue pour la méthode $BFGS$. ■

Remarque 3.5. *1) Si $n_j = 1$, pour $j = 1, ..., p$, la formule (3.20) (resp. (3.25)) permet de calculer tous les coefficients de la matrice élément par élément.*

2) Même si H (resp., B) est diagonale par blocs alors H^+ (resp.,B^+) ne l'est pas en général.

3.5.1 Application aux problèmes de grande taille

Pour simplifier la présentation, nous appliquons les décompositions décrites précedement à la résolution de problèmes d'optimisation libre

Nous proposons, dans ce qui suit, l'algorithme DFP (resp., $BFGS$) par blocs.

Algorithme 3.1. *(Algorithme de DFP par blocs)*

1) *On initialise x_0, H_0 et p. Soit $k = 0$,*

2) *A l'étape k,*

    a) *décomposer H_k en p^2 blocs $(H_k^{(ij)})_{i,j=1,...,p}$, $x_k = (x_k^{(1)}, ..., x_k^{(p)})$ et $g_k = (g_k^{(1)}, ..., g_k^{(p)})$,*

b) calculer $x_{k+1} = (x_{k+1}^{(1)}, ..., x_{k+1}^{(p)})$ par :

$$x_{k+1}^{(i)} = x_k^{(i)} - \alpha_k \sum_{j=1}^{p} H_k^{(ij)} g_k^{(j)}, i = 1, ..., p.$$

Si x_{k+1} satisfait les conditions d'optimalité, on s'arrête : $x^* = x_{k+1}$ est la solution optimale.

Sinon, on calcule $(H_{k+1}^{(ij)})_{i,j=1,...,p}$ par la formule (3.20).

3) $k \leftarrow k+1$ et on retourne à 2.

Le descriptif de l'algorithme de *BFGS* par blocs est le suivant :

Algorithme 3.2. *(Algorithme de BFGS par blocs)*

1.   On initialise x_0, B_0 et p. Soit $k = 0$,

2.   A l'étape k,

    a-   Décomposer B_k en p^2 blocs $(B_k^{(ij)})_{i,j=1,...,p}$, $x_k = (x_k^{(1)}, ..., x_k^{(p)})$, $g_k = (g_k^{(1)}, ..., g_k^{(p)})$, et $s_k = (s_k^{(1)}, ..., s_k^{(p)})$

    b-   Résoudre le système linéaire, d'inconnue s_k :

$$\sum_{j=1}^{p} B_k^{(ij)} s_k^{(j)} = -g_k^{(i)}, i = 1, ..., p.$$

    c-   Calculer $x_{k+1} = (x_{k+1}^{(1)}, ..., x_{k+1}^{(p)})$ défini par : $x_{k+1}^{(i)} = x_k^{(i)} + \alpha_k s_k^{(i)}, i = 1, ..., p$,

Si x_{k+1} satisfait les conditions d'optimalité, on s'arrête : $x^* = x_{k+1}$ est la solution optimale,

sinon, on calcule $(B_{k+1}^{(ij)})_{i,j=1,...,p}$ par la formule (3.25).

3. $k \leftarrow k+1$ et on retourne à 2.

Conclusion 3.1. *Nous avons adapté les méthodes quasi-Newton (en particulier les méthodes de DFP et BFGS) par blocs pour la résolution des problèmes d'optimisation non linéaire sans contraintes ou d'équations non linéaires de grandes tailles. Cette nouvelle approche a de nombreux avantages :*

1. *Les calculs sont simples et plus faciles.*

2. *La stabilité numérique est garantie car nous manipulons des blocs de petites tailles ce qui minimise les erreurs de calcul.*

3. *En utilisant des machines parallèles, le gain en temps de calcul sera appréciable.*

3.6 Sur quelques codes de résolution

3.6.1 Le code $l-BFGS$

Le code $l-BFGS$ est développé en 1989 par D.C. Liu et J. Nocedal [57]; il résoud des problèmes d'optimisation sans contraintes en utilisant les formules de quasi-Newton à mémoire limitée.

3.6.2 Le code $l-BFGS-B$

Le code $l-BFGS-B$ développé en 1994 par R.H. Byrd, P. Lu, J. Nocedal, et C. Zhu [14], est une extension de l'algorithme $l-BFGS$. Il permet de prendre en compte les contraintes de bornes sur les variables.

3.6.3 Le code $NOPTIQ$

Le code $NOPTIQ$ [75] utilise la représentation compacte des formules de quasi-Newton introduites dans [15] pour résoudre des problèmes de grande taille avec des contraintes d'inégalité sans information particulière sur la structure de la fonction objectif.

3.6.4 Le code $LANCELOT$

Le code $LANCELOT$ [16] est un ensemble de routines pour résoudre un problème de grande taille avec ou sans contraintes. Il prend en compte la structure de séparabilité de la fonction objectif et des contraintes. Cette technique demande des renseignements sur les données du problème qui sont parfois difficiles à obtenir.

3.6.5 Le code $SNOPT$

Le code $SNOPT$ [34] utilise aussi la propriété de séparabilité de la fonction objective et résoud les problèmes de grande taille avec des contraintes d'inégalité.

Chapitre 4

Résolutions itératives des équations matricielles

4.1 Introduction

Les équations matricielles interviennnent dans différents domaines tels la théorie de la stabililité des systèmes, la théorie du contrôle ([1]) et les problèmes de transport ([43, 44]).

Dans la littérature, les équations matricielles de type Lyapunov (équations linéaires) sont résolues par des méthodes de vectorisation et les méthodes de type Riccati (équations quadratiques) sont résolues soit par des méthodes de décomposition (décomposition de Schur), soit par la méthode de Newton. Mais à notre connaissance, seul F.T. Man (1969) dans [61] a utilisé la méthode DFP dans la résolution de l'équation algébrique de Riccati sous la forme d'un problème de minimisation. Le problème obtenu est de grande taille.

Sachant que l'espace des matrices $\mathbb{R}^{m \times n}$ muni du produit scalaire de Frobenius est un espace de Hilbert, nous proposons de résoudre ces équations matricielles par l'utilisation des méthodes quasi-Newtoniennes, dans leurs formulation Hilbertienne. Nous démontrons alors, la convergence superlinéaire des méthodes utilisées du fait que l'espace de travail est de dimension finie.

4.2 Préliminaires

On note par $\mathcal{X} = \mathbb{R}^{m \times n}$ l'espace des matrices d'ordre $m \times n$. On munit $\mathcal{X}$ du produit scalaire de Frobenius :

$$\langle X, Y \rangle_{tr} = Tr(XY^T) = \sum_{i=1}^{n} \sum_{j=1}^{m} x_{ij} y_{ij}$$

où $X = [x_{ij}]$ et $Y = [y_{ij}]$,

et de la norme de Frobenius induite

$$\|X\|_F = \sqrt{\langle X, X \rangle_{tr}} = \sqrt{\sum_{i=1}^{n} \sum_{j=1}^{m} x_{ij}^2}.$$

L'espace des matrices $\mathcal{X}$ muni du produit scalaire de Frobenius est un espace de Hilbert de dimension finie égale à mn.

Définition 4.1 (Vectorisation d'une matrice). *Pour une matrice $X = [x_{ij}]$, d'ordre $m \times n$, on appelle vectorisation de la matrice X et on note $vec(X)$, le vecteur de $\mathbb{R}^{mn}$*

$$vec(X) = [x_{11} x_{21} ... x_{m1} x_{12} x_{22} ... x_{m2} ... x_{1n} x_{2n} ... x_{mn}]^T$$

Remarque 4.1.

$$\langle X, Y \rangle_{tr} = vec(X)^T vec(Y), \quad \forall X, Y \in \mathbb{R}^{m \times n}$$

Définition 4.2 (Produit de Kronecker). *Soient $X = [x_{ij}] \in \mathbb{R}^{m \times n}$ et $Y = [y_{ij}] \in \mathbb{R}^{p \times q}$, on appelle produit de Kronecker des matrices X et Y, la matrice d'ordre $mp \times nq$ notée $Kron(X, Y)$ (ou encore $X \otimes Y$, que nous réservons pour le produit dyadic) définie par :*

$$Kron(X, Y) = \begin{bmatrix} x_{11} Y & \cdots & x_{1n} Y \\ \cdot & & \cdot \\ \cdot & & \cdot \\ \cdot & & \cdot \\ x_{m1} Y & \cdots & x_{mn} Y \end{bmatrix}$$

Proposition 4.1. *1) Si $x(m \times 1)$ et $y(n \times 1)$ alors $kron(y, x) = vec(xy^T)$.*

2) Si $x, y(m \times 1)$ alors $kron(y, x^T) = kron(x^T, y) = yx^T$.

Pour d'autres propriétés de ce produit, nous renvoyons le lecteur au Handbook of Matrices [58]

Définition 4.3. *(Somme de Kronecker) Soient $X \in \mathbb{R}^{m \times m}$ et $Y \in \mathbb{R}^{p \times p}$, on appelle somme de Kronecker des matrices X et Y, et on note $X \oplus Y$, la matrice d'ordre $mp \times mp$ définie par*

$$X \oplus Y = kron(X, I_p) + kron(I_m, Y).$$

Définition 4.4. *Sur l'espace des matrices symètriques d'ordre n, noté S^n, est définie la relation d'ordre :*

$$X \geq Y \text{ si } X - Y \geq 0 \text{ (matrice semi-définie positive)}.$$

Définition 4.5. *Une solution symètrique X_+ d'une équation matricielle $\mathcal{F}(X) = 0$, est dite maximale dans $D = \{X \in S^n : \mathcal{F}(X) = 0\}$ si*

$$\forall X \in D, X \geq X_+ \implies X = X_+$$

4.3 Exemples d'équations matricielles

Nous nous interessons à deux classes d'équations matricielles : les équations de type Lyapunov (équations linéaires) et les équations de type Riccati (équations quadratiques).

4.3.1 Equations matricielles linéaires (Equations de Sylvester) :

Dans sa forme générale, cette équation s'écrit :

$$AX + XB = C \tag{4.1}$$

Compte tenu des compatibilités de tailles, il est nécessaire que A et B soient carrées, de tailles respectives $(m \times m)$ et $(n \times n)$, ce qui implique que C et X, la matrice inconnue que l'on cherche, soient des matrices de même taille $(m \times n)$.

Cas particuliers

1) Si $B = A^T$, cette équation est désignée sous le nom d'équation de Lyapunov, trés utilisée dans la théorie de stabilité des systèmes

$$AX + XA^T = C \tag{4.2}$$

2) Si $B = -A$ et $C = 0$, on retrouve le problème de la recherche de matrices commutant avec une matrice A donnée, qui est équivalent à la résolution de l'équation :

$$AX = XA. \tag{4.3}$$

Equation de Sylvester étendue

$$AXB + CXD = E \tag{4.4}$$

où A, B, C, D et E sont des matrices données de tailles convenables.

Technique de résolution de l'équation de Sylvester [3]

On démontre d'abord que l'équation matricielle (4.1) est équivalente au système d'équations linéaires :

$$(A \oplus B)vec(X) = vec(C). \tag{4.5}$$

Le résultat suivant donne les conditions d'existence et d'unicité de l'équation (4.1).

Proposition 4.2. *1) L'équation de Sylvester (4.1) admet une solution si et seulement si les matrices :*

$$\begin{bmatrix} A & 0 \\ 0 & -B \end{bmatrix} \text{ et } \begin{bmatrix} A & C \\ 0 & -B \end{bmatrix} \text{ sont semblables.}$$

2) La solution est unique si et seulement si $\sigma(A) \cap \sigma(-B) = \emptyset$.

4.3.2 Equations matricielles non linéaires

Les équations matricielles considérées sont de la forme :

$$\mathcal{F}(X) = 0, \quad \mathcal{F} : \mathbb{R}^{m \times n} \to \mathbb{R}^{m \times n}.$$

avec $\mathcal{F}$ une fonction non linéaire deux fois différentiable.

Equation de Riccati

Dans sa forme générale, cette équation appelée parfois équation quadratique (non symétrique) s'écrit :

$$\mathcal{F}(X) = -XRX + AX + XB + C = 0 \tag{4.6}$$

où R, A, B et C sont des matrices réelles données et X est une matrice.

Les relations de compatibilité des produits matriciels imposent que les matrices A et B soient carrées d'ordre m et n respectivement et les matrices R^T, C et X ont pour taille $(m \times n)$. Si $B = A^T$, l'équation (4.6) est appelée équation algébrique symétrique de Riccati.

Généralisation (CARE)

$$Q + A^T X E + E^T X A - E^T X R X E = 0 \tag{4.7}$$

où A, E, R, Q, X sont des matrices $(n \times n)$, Q, R et X sont des matrices symétriques.

Si $E = I_n$, on obtient une équation de Riccati symétrique.

Equations matricielles polynomiales

$$P(X) = A_0 X^m + A_1 X^{m-1} + ... + A_m = 0 \tag{4.8}$$

$A_0, A_1, ..., A_m$ et X sont des matrices $(n \times n)$.

Si A_0 est inversible alors $P(X)$ est appelé plynôme matrciel de degré m, qui se réduit à :

$$\begin{aligned} M(X) &= X^m + B_1 X^{m-1} + ... + B_m = 0 \\ \text{où } B_i &= A_0^{-1} A_i \end{aligned} \tag{4.9}$$

Si $m = 2$, l'équation

$$A_0 X^2 + A_1 X + A_2 = 0 \tag{4.10}$$

est dite quadratique.

Dans ce qui suit, on s'intéresse à la résolution des équations matricielles de Riccati.

4.4 Résolutions itératives de l'équation de Riccati

Les équations de Riccati interviennnent dans différents domaines de mathématiques tels la stabililité des systèmes, la théorie du contrôle ([1], [54]) et les problèmes de transport,([43, 44]).

Théoriquement, toutes les solutions de l'équation (4.6) peuvent être déterminées par la bloc-triangularisation de la matrice

$$M = \begin{bmatrix} -B & -R \\ C & A \end{bmatrix} \qquad (4.11)$$

appelée matrice Hamiltonienne (voir théorème ci-dessous). Cette bloc triangularisation fait appel à la notion de chaine de Jordan (ou système propre (eigensystem)) de M, définie par :

Définition 4.6. *Une chaine de Jordan d'une matrice M est un ensemble ordonné de vecteurs $v_1, v_2, ..., v_r \in \mathbb{C}^n$ tels que $v_1 \neq 0$ et il existe une valeur propre λ_0 de M satisfaisant*

$$\begin{cases} (M - \lambda_0 I_n)v_1 = 0, \\ (M - \lambda_0 I_n)v_2 = v_1, \\ \dots\dots\dots\dots\dots \\ (M - \lambda_0 I_n)v_r = v_{r-1}. \end{cases} \qquad (4.12)$$

Le résultat suivant caractérise l'existence d'une solution de l'équation (4.6) :

Théorème 4.1. *([54, Thm. 7.2.1]) L'équation (4.6) admet une solution X si et seulement si il existe un ensemble de vecteurs $v_1, v_2, ..., v_n \in \mathbb{C}^{m \times n}$ formant une chaine de Jordan pour M où*

$$v_j = \begin{bmatrix} y_j \\ z_j \end{bmatrix}, \ y_j \in \mathbb{C}^n, \ z_j \in \mathbb{C}^m$$

et $\{y_1, y_2, ..., y_n\}$ forme une base de $\mathbb{C}^n$. Si De plus,

$$Y = [y_1, y_2, ..., y_n], \ Z = [z_1, z_2, ..., z_n],$$

alors, toute solution de (4.6) est de la forme $X = ZY^{-1}$ pour une chaîne de Jordan $v_1, v_2, ..., v_n$ de M.

Dans la littérature, la résolution itérative des équations de Riccati a fait l'objet de nombreux travaux. La méthode de Newton étant la plus utilisée (voir [5, 6, 39], par exemple). La méthode de Schur qui est une méthode de décomposition a aussi été appliquée par Laub [55]. De même, la méthode du gradient conjugué a été considérée dans [32]. La méthode de DFP à pas optimal, comme méthode de minimisation, a été elle aussi appliquée par Man [61] aux équations de Riccati symétriques, cependant aucune analyse de convergence n'est proposée. A notre connaissance, le traitement des équations de Riccati générales en tant qu'équations non linéaires, par les méthodes quasi-Newtoniennes, n'a pas fait l'objet de travaux antérieurs.

Dans ce qui suit, on se propose d'appliquer les méthodes de quasi-Newton aux équations matricielles et en particulier aux équations de Riccati générales. Au préalable, rappelons les résultats autour de l'application de la méthode de Newton aux équations de Riccati.

4.4.1 La méthode de Newton

On considère l'équation de Riccati

$$\mathcal{F}(X) = -XRX + AX + XB + C = 0, \qquad (4.13)$$

comme la fonction de Riccati $\mathcal{F}$ applique $\mathbb{R}^{m \times n}$ dans lui même, la première dérivée de Fréchet de $\mathcal{F}$ en une matrice X est une application linéaire $\mathcal{F}'(X) : \mathbb{R}^{m \times n} \to \mathbb{R}^{m \times n}$ définie par

$$(\mathcal{F}'(X))(Z) = (A - XR)Z + Z(B - RX) \qquad (4.14)$$

et la dérivée seconde de Fréchet en X, $\mathcal{F}''(X) : \mathbb{R}^{m \times n} \times \mathbb{R}^{m \times n} \to \mathbb{R}^{m \times n}$ est donnée par

$$(\mathcal{F}''(X))(Z_1, Z_2) = -Z_1 R Z_2 - Z_2 R Z_1. \qquad (4.15)$$

La méthode de Newton pour résoude (4.13) s'exprime comme suit

$$X_{k+1} = X_k - (\mathcal{F}'(X_k))^{-1}(\mathcal{F}(X_k)), \quad k = 0, 1, ..., \qquad (4.16)$$

en supposant, bien sûr, que les opérateurs $\mathcal{F}'(X_k)$ soient inversibles. L'itération (4.16) peut s'écrire

$$(\mathcal{F}'(X_k))(X_{k+1}) = (\mathcal{F}'(X_k))(X_k) - \mathcal{F}(X_k), \qquad (4.17)$$

c'est à dire

$$(A - X_k R)X_{k+1} + X_{k+1}(B - RX_k) = -C - X_k RX_k, \quad k = 0, 1, \dots \quad (4.18)$$

qui est une équation de Sylvester d'inconnue X_{k+1}, pouvant être résolue par la technique décrite dans le paragraphe 4.3.1 ; l'équation vectorisée peut être de grande taille.

Convergence locale quadratique

Du fait que $\mathcal{F} \in C^2$, nous pouvons utiliser la Proposition (1.1) pour prouver la convergence locale quadratique.

Proposition 4.3. *Supposons que l'équation (4.13) admet une solution $X^* \in \mathbb{R}^{m \times n}$ telle que $\mathcal{F}'(X^*)$ inversible. Alors $\exists \delta > 0$ tel que pour $X_0 \in V = \overline{B}(X^*, \delta)$, la suite $\{X_k\}$ engendrée à partir de X_0, par la méthode de Newton est bien définie dans V et converge quadratiquement vers X^*.*

Convergence globale

Afin de garantir une convergence globale de la méthode (c'est à dire, la méthode converge à partir de n'importe quel point initial X_0), il est recommandé de faire une recherche linéaire ; ce qui revient à introduire un pas de recherche α_k minimisant

$$\varphi(\alpha) = f(X_k + \alpha D_k) = \frac{1}{2}\|\mathcal{F}(X_k + \alpha D_k)\|_F^2 = \frac{1}{2}tr(\mathcal{F}(X_k + \alpha D_k)^T \mathcal{F}(X_k + \alpha D_k)), \qquad (4.19)$$

de manière exacte ou approchée où D_k est une dierction de recherche,

$D_k = -(\mathcal{F}'(X_k))^{-1}\mathcal{F}(X_k)$ pour la méthode de Newton, et $D_k = -B_k^{-1}\mathcal{F}(X_k)$ ou $D_k = -H_k \mathcal{F}(X_k)$ pour les méthodes quasi-Newtoniennes.

L'introduction du pas de recherche est motivé par le fait que loin de la solution, le modèle linéaire de $\mathcal{F}(X)$, sur lequel s'appuie la méthode de Newton, n'est plus valable.

Exemple 4.1. *Soit* $\mathcal{F}(X) = X^2 - \begin{bmatrix} 1 & 0 \\ 0 & \delta^{1/2} \end{bmatrix}$, $0 < \delta \ll 1$.

Les solutions de $\mathcal{F}(X) = 0$ *sont* $X^* = diag(\pm 1, \pm \delta^{1/4})$.

Par ailleurs, si $X_0 = diag(1, \delta)$, *la direction de Newton est* $D_0 = -(\mathcal{F}'(X_0))^{-1}\mathcal{F}(X_0) = diag(0, (\delta^{-1/2}-\delta)/2)$, *et l'itération suivante* $X_1 = X_0 + D_0$ *est très loin de* X^*. *Par contre,* $\widetilde{X}_1 = X_0 + \alpha_0 D_0$ *est très proche de* X^* *(au sens d'une norme matricielle), pour* α_0 *minimum local de* $\varphi(\alpha) = f(X_0 + \alpha D_0)$.

Calcul exact du pas de recherche pour l'équation de Riccati

Pour $\mathcal{F}(X) = -XRX + AX + XB + C$, on sait que

$$(\mathcal{F}'(X))(Z) = (A - XR)Z + Z(B - RX), \ \forall Z \in \mathbb{R}^{m \times n}.$$

Dans ce qui suit, nous donnons l'expression de

$$\varphi(\alpha) = \frac{1}{2}\|\mathcal{F}(X_k + \alpha D_k)\|_F^2 = \frac{1}{2}tr(\mathcal{F}(X_k + \alpha D_k)^T \mathcal{F}(X_k + \alpha D_k)).$$

Tout d'abord, on vérifie aisément que $\mathcal{F}(X_k + \alpha D_k)$ est une expression polynomiale d'ordre 2 de la forme

$$\mathcal{F}(X_k + \alpha D_k) = \mathcal{F}(X_k) + \alpha(\mathcal{F}'(X_k))(D_k) - \alpha^2(D_k R D_k).$$

Posons $V_k = (\mathcal{F}'(X_k))(D_k)$ et $W_k = D_k R D_k$.

Le développement de $\mathcal{F}(X_k + \alpha D_k)^T \mathcal{F}(X_k + \alpha D_k)$ donne une expression polynomiale d'ordre 4 de la forme

$$\begin{aligned}\mathcal{F}(X_k + \alpha D_k)^T \mathcal{F}(X_k + \alpha D_k) &= \mathcal{F}(X_k)^T \mathcal{F}(X_k) + 2\alpha \mathcal{F}(X_k)^T V_k \\ &+ \alpha^2[-2\mathcal{F}(X_k)^T W_k + (\mathcal{F}'(X_k))(D_k)^T (\mathcal{F}'(X_k))(D_k)] \\ &- 2\alpha^3 V_k^T W_k + \alpha^4 W_k^T W_k,\end{aligned}$$

d'où par application de l'opérateur trace, qui est linéaire, on a

$$\begin{aligned}\varphi(\alpha) &= \|\mathcal{F}(X_k)\|_F^2 + \alpha tr(\mathcal{F}(X_k)^T V_k) \\ &+ \alpha^2[-tr(\mathcal{F}(X_k)^T W_k) + \|V_k\|_F^2] - \alpha^3 tr(V_k^T W_k) + \alpha^4 \|W_k\|_F^2.\end{aligned} \quad (4.20)$$

La dérivée de φ est donnée par

$$\varphi'(\alpha) = tr(\mathcal{F}(X_k)^T V_k) + 2\alpha[-tr(\mathcal{F}(X_k)^T W_k) + \|V_k\|_F^2] \quad (4.21)$$
$$-3\alpha^2 tr(V_k^T W_k) + 4\alpha^3 \|W_k\|_F^2$$

et la dérivée seconde est

$$\varphi''(\alpha) = 2[-tr(\mathcal{F}(X_k)^T W_k) + \|V_k\|_F^2] - 6\alpha tr(V_k^T W_k) + 12\alpha^2 \|W_k\|_F^2 \quad (4.22)$$

Le minimum α_k de $\varphi(\alpha)$ doit vérifier $\varphi'(\alpha_k) = 0$ et $\varphi''(\alpha_k) > 0$.

Calcul approché du pas de recherche Déterminer α_k de manière exacte (minimum global ou local) est un choix naturel mais il est très coûteux sauf pour des équations linéaires où α_k est donné par une formule pré-établie.

L'approche la plus pratique est celle qui consiste à calculer α_k de manière approchée. Nous adopterons pour la suite la règle, dite de Wolfe, qui consiste à déterminer α_k satisfaisant les deux conditions :

$$f(X_k + \alpha_k D_k) \leq f(X_k) + c_1 \alpha_k \nabla f(X_k)^T D_k, \quad \text{(Condition d'Armijo)}$$
$$\nabla f(X_k + \alpha_k D_k)^T D_k \geq c_2 \nabla f(X_k)^T D_k, \quad \text{(Condition de courbure)}$$

où $0 < c_1 < c_2 < 1$.

Pour les tests numériques, $c_1 = 1/4$ et $c_2 = 1/2$; d'autres choix sont possibles.

Nous pouvons également traduire les conditions de Wolfe par

$$\varphi(\alpha_k) \leq \varphi(0) + c_1 \alpha_k \varphi'(0)$$
$$\varphi'(\alpha_k) \geq c_2 \varphi'(0).$$

La première inégalité assure la décroissance de φ, alors que la deuxième assure sa courbure.

L'utilisation de la régle de Wolfe nécessite le calcul de $\nabla f(X)$, que nous développons dans ce qui suit :

Gradient et Hessien d'une fonction matricielle

Pour toute fonction $\mathcal{F} : \mathbb{R}^{m \times n} \to \mathbb{R}^{m \times n}$, $\mathcal{F} \in C^2$, on considère $f : \mathbb{R}^{m \times n} \to \mathbb{R}$ la fonction définie par

$$f(X) = \frac{1}{2} \|\mathcal{F}(X)\|_F^2 = \frac{1}{2} \langle \mathcal{F}(X), \mathcal{F}(X) \rangle_{tr}. \quad (4.23)$$

On peut aussi voir f comme fonction de $\mathbb{R}^{m.n}$ dans $\mathbb{R}$ si on écrit les variables comme $\xi = vec(X) \in \mathbb{R}^{m.n}$.

Le gradient de f peut s'écrire comme la matrice
$$\nabla f(X) = \left[\frac{\partial f}{\partial x_{ij}}\right] \in \mathbb{R}^{m \times n},$$
et le Hessien
$$\nabla^2 f(X) = \left[\frac{\partial^2 f}{\partial \xi_i \partial \xi_j}\right] \in \mathbb{R}^{mn \times mn}.$$

Le résultat suivant donne l'expression du gradient et du Hessien de f.

Lemme 4.1. *On suppose $\mathcal{F}$ deux fois continûment différentiable. Alors*
$$\begin{aligned}(\nabla f(X))_{ij} &= trace(\mathcal{F}(X)^T(\mathcal{F}'(X))(M_{ij})), & (4.24)\\ vec(E)^T \nabla^2 f(X) vec(E) &= trace((\mathcal{F}'(X))(E)^T(\mathcal{F}'(X))(E)) & (4.25)\\ &\quad + 2\mathcal{F}(X)^T quad(N_X(E))),\end{aligned}$$
où $\{M_{ij}\}_{\substack{i=1,\ldots,m \\ j=1,\ldots,n}}$ est la base canonique de $\mathbb{R}^{m \times n}$, $N_X(E) = o(\|E\|)$ est le reste du développement à l'ordre un de $\mathcal{F}(X+E)$, et $quad(w)$ est la partie quadratique de w de la variable E, $\forall E \in \mathbb{R}^{m \times n}$.

Démonstration. Le développement de Taylor à l'ordre *un* de $\mathcal{F}(X+E)$ donne
$$\mathcal{F}(X+E) = \mathcal{F}(X) + (\mathcal{F}'(X))(E) + N_X(E), \quad (4.26)$$
où $N_X(E) = o(\|E\|) = \|E\|\varepsilon(E)$ avec $\|\varepsilon(E)\| \to 0$ quand $\|E\| \to 0$.

Appliquons l'opérateur vec aux deux membres de (4.26), on obtient
$$vec(\mathcal{F}(X+E)) = u + v + w,$$
où $u = vec(\mathcal{F}(X))$, $v = vec((\mathcal{F}'(X))(E))$ et $w = vec(N_X(E))$. Ainsi
$$\begin{aligned}f(X+E) &= \frac{1}{2}\|\mathcal{F}(X+E)\|_F^2 \\ &= \frac{1}{2}(u+v+w)^T(u+v+w) \\ &= \frac{1}{2}(u^Tu + 2u^Tv + 2u^Tw + 2v^Tw + v^Tv + w^Tw) \\ &= \frac{1}{2}(u^Tu + 2u^Tv + v^Tv + 2u^T quad(w) + o(\|E\|^2))\end{aligned}$$

En comparant avec le développement de Taylor de $f(X+E)$

$$f(X+E) = f(X) + (vec(\nabla f(X))^T vec(E) + \frac{1}{2}(vec(E))^T \nabla^2 f(X) vec(E)$$
$$+o(\|E\|^2)$$
$$= f(X) + trace(\nabla f(X)^T E) + \frac{1}{2}(vec(E))^T \nabla^2 f(X) vec(E) + o(\|E\|^2)$$

on a
$$trace(\nabla f(X)^T E) = u^T v = vec(\mathcal{F}(X))^T vec((\mathcal{F}'(X))(E)),$$
qu'on peut écrire comme
$$trace(E^T \nabla f(X)) = trace(\mathcal{F}(X)^T (\mathcal{F}'(X))(E)).$$

En remplaçant E par M_{ij}, l'élément ij de la base canonique de $\mathbb{R}^{m \times n}$, on en déduit que

$$(\nabla f(X))_{ij} = trace(M_{ij}^T \nabla f(X))$$
$$= trace(\mathcal{F}(X)^T (\mathcal{F}'(X))(M_{ij})).$$

D'autre part, en égalisant les termes du second ordre dans les deux formules, on obtient

$$(vec(E))^T \nabla^2 f(X) vec(E) = v^T v + 2u^T quad(w)$$
$$= trace((\mathcal{F}'(X))(E)^T (\mathcal{F}'(X))(E) + 2\mathcal{F}(X)^T quad(N_X(E))).$$

∎

Corollaire 4.1. *La matrice Hessienne de f, $\nabla^2 f(X)$, est définie positive en une solution de $\mathcal{F}(X) = 0$ si et seulement si $\mathcal{F}'(X)$ est inversible.*

Démonstration. Soit S une solution de l'équation, alors $\mathcal{F}(S) = 0$, et donc (4.25) devient
$$(vec(E))^T \nabla^2 f(S) vec(E) = trace((\mathcal{F}'(S))(E)^T (\mathcal{F}'(S))(E)), \quad \forall E \in \mathbb{R}^{m \times n},$$
par suite, $\nabla^2 f(S)$ est définie positive si et seulement si
$$trace((\mathcal{F}'(S))(E)^T (\mathcal{F}'(S))(E)) > 0, \quad \forall E \in \mathbb{R}^{m \times n},$$
i.e., $\mathcal{F}'(S)$ est inversible. ∎

Remarque 4.2. *La connaissance du gradient $\nabla f(X)$ de $f(X)$, nous permet aussi d'utiliser les méthodes numériques de minimisation telles que la méthode du gradient conjugué et les méthodes de quasi-Newton.*

4.5 Méthodes de quasi-Newton

4.5.1 Convergence locale superlinéaire

Etant donné que l'espace des matrices $\mathbb{R}^{m\times n}$ muni du produit scalaire de Frobenius et de la norme associée, est un espace de Hilbert de dimension finie égale à mn, nous pouvons appliquer les méthodes quasi-Newtoniennes (forme B ou forme H) pour résoudre les équations matricielles (en particulier les équations de Riccati). Le Théorème (1.7) ou le Théorème (1.8) du Chapitre 1, garantissent la convergence linéaire locale et comme la dimension est finie, la convergence superlinéaire a aussi lieu du fait que la condition de Dennis et Moré est automatiquement satisfaite. A titre d'illustration, nous nous limitons aux deux méthodes de *rang un* (Broyden et $(SR1)$). Les mêmes idées restent valables pour les autres méthodes.

Soit à résoudre l'équation $\mathcal{F}(X) = 0$ où $\mathcal{F} : \mathbb{R}^{m\times n} \to \mathbb{R}^{m\times n}$ est une fonction de classe LC^1. On suppose que l'équation admet une solution X^* et que $\mathcal{F}'(X^*)$ est inversible. Rappelons qu'une méthode quasi-Newtonienne de type B engendre, à partir d'une estimation iniale $(X_0, B_0) \in \mathbb{R}^{m\times n} \times \mathcal{L}(\mathbb{R}^{m\times n})$ de $(X^*, \mathcal{F}'(X^*))$, une suite $\{(X_k, B_k)\} \in \mathbb{R}^{m\times n} \times \mathcal{L}(\mathbb{R}^{m\times n})$ définie par :

$$\begin{aligned} X_{k+1} &= X_k + S_k, \\ B_k S_k &= -\mathcal{F}(X_k), \\ B_{k+1} &= B_k + T_k. \end{aligned}$$

La méthode de Broyden est définie par la mise à jour

$$B_{k+1} = B_k + \frac{1}{\langle S_k, S_k \rangle}(Y_k - B_k S_k) \otimes S_k,$$
$$\text{avec } S_k = X_{k+1} - X_k \text{ et } Y_k = \mathcal{F}(X_{k+1}) - \mathcal{F}(X_k)$$

De la même manière, une méthode quasi-Newtonienne de type H, engendre, à partir d'une estimation iniale $(X_0, H_0) \in \mathbb{R}^{m\times n} \times \mathcal{L}(\mathbb{R}^{m\times n})$ de $(X^*, [\mathcal{F}'(X^*)]^{-1})$, une suite $\{(X_k, H_k)\} \in \mathbb{R}^{m\times n} \times \mathcal{L}(\mathbb{R}^{m\times n})$ définie par :

$$\begin{aligned} X_{k+1} &= X_k - H_k \mathcal{F}(X_k), \\ H_{k+1} &= H_k + E_k. \end{aligned}$$

La méthode $(SR1)$ est définie par la mise à jour

$$H_{k+1} = H_k + \frac{1}{\langle S_k - H_k Y_k, Y_k \rangle}(S_k - H_k Y_k) \otimes (S_k - H_k Y_k),$$
$$S_k = X_{k+1} - X_k \text{ et } Y_k = \mathcal{F}(X_{k+1}) - \mathcal{F}(X_k)$$

4.5.2 Mise en oeuvre

Traitons, par exemple, le cas de la méthode $(SR1)$:

Soient $(X_0, H_0) \in \mathbb{R}^{m \times n} \times \mathcal{L}(\mathbb{R}^{m \times n})$ une approximation initiale de $(X^*, [\mathcal{F}'(X^*)]^{-1})$

Etape $k = 1$:

1) On calcul $X_1 = X_0 - H_0 \mathcal{F}(X_0)$, si $\mathcal{F}(X_1) = 0$, stop ; sinon

2) On calcul $S_0 = X_1 - X_0$, $Y_0 = \mathcal{F}(X_1) - \mathcal{F}(X_0)$, $U_0 = S_0 - H_0 Y_0$ et $\mu_0 = \langle U_0, Y_0 \rangle$ et enfin $H_1 = H_0 + \frac{1}{\mu_0} U_0 \otimes U_0$, et on passe à l'étape suivante :

étape $k = 2$:

1) On calcul $X_2 = X_1 - H_1 \mathcal{F}(X_1)$, si $\mathcal{F}(X_2) = 0$, stop ; sinon

2) On calcul $S_1 = X_2 - X_1, Y_1 = \mathcal{F}(X_2) - \mathcal{F}(X_1)$, $U_1 = S_1 - H_1 Y_1$ et $\mu_1 = \langle U_1, Y_1 \rangle$ et enfin $H_2 = H_1 + \frac{1}{\mu_1} U_1 \otimes U_1$.

Pour cette étape, on a besoin de calculer les matrices $H_1 \mathcal{F}(X_1)$ et $H_1 Y_1$ qui sont à leurs tours en fonction de $H_0 \mathcal{F}(X_1)$ et $H_0 Y_1$.

A l'étape k :

1) On calcul $X_{k+1} = X_k - H_k \mathcal{F}(X_k)$, si $\mathcal{F}(X_{k+1}) = 0$, stop ; sinon

2) On calcul $S_k = X_{k+1} - X_k, Y_k = \mathcal{F}(X_{k+1}) - \mathcal{F}(X_k)$, $U_k = S_k - H_k Y_k$ et $\mu_k = \langle U_k, Y_k \rangle$ et enfin $H_{k+1} = H_k + \frac{1}{\mu_k} U_k \otimes U_k$.

Pour l'étape k, on a besoin de calculer la matrice $H_k \mathcal{F}(X_k)$, qui nécessite la connaissance des matrices $H_{k-1} \mathcal{F}(X_k), H_{k-2} \mathcal{F}(X_k), ..., H_0 \mathcal{F}(X_k)$ et la matrice $H_k Y_k$ qui est en fonction des matrices $H_{k-1} Y_k, H_{k-2} Y_k, ..., H_0 Y_k$.

Donc, un problème sérieux de mémorisation se pose !!

Pour surmonter cette grande difficulté, nous proposons dans ce qui suit, une nouvelle procédure de calcul qui simplifie considérablement la mise en oeuvre. Sous cette forme, les calculs peuvent être fait à l'aide du logiciel Matlab par exemple. Cette procédure est basée sur la représentation matricielle de l'opérateur dyadic.

4.5.3 Représentation matricielle de l'opérateur dyadic

Rappelons que pour deux matrices $U \in \mathbb{R}^{m \times n}, V \in \mathbb{R}^{p \times q}$ l'opérateur dyadic $U \otimes V \in \mathcal{L}(\mathbb{R}^{p \times q}, \mathbb{R}^{m \times n})$ est définit par

$$(U \otimes V)Z = \langle V, Z \rangle_{\mathbb{R}^{p \times q}} U = tr(VZ^T)U, \forall Z \in \mathbb{R}^{p \times q}. \qquad (4.27)$$

Proposition 4.4. *Soient* $U = [u_{ij}] \in \mathbb{R}^{m \times n}$ *et* $V = [v_{ij}] \in \mathbb{R}^{p \times q}$, *l'opérateur dyadic* $f = U \otimes V \in \mathcal{L}(\mathbb{R}^{p \times q}, \mathbb{R}^{m \times n})$ *est représenté par la matrice* A *d'ordre* $mn \times pq$ *dont les colonnes sont* $v_{ij}vec(U), i = \overline{1,p}, j = \overline{1,q}$. *C'est-à-dire,*

$$A = kron(vec(V)^T, vec(U)) \qquad (4.28)$$

Démonstration. Soient $\{M_{ij}, i = \overline{1,p}, j = \overline{1,q}\}$ la base canonique de $\mathbb{R}^{p \times q}$:

$M_{ij} = [m_{rs}]$ avec $m_{rs} = 0, \forall (r,s) \neq (i,j)$ et $m_{ij} = 1$.

$\forall i,j : f(M_{ij}) = \langle V, M_{ij} \rangle_{\mathbb{R}^{p \times q}} U = v_{ij}U$.

En notant, $\{M'_{kl}, k = \overline{1,m}, l = \overline{1,n}\}$ la base canonique de $\mathbb{R}^{m \times n}$ alors U s'exprime :

$$U = \sum_{l=1}^{n}\sum_{k=1}^{m} u_{kl}M'_{kl} \text{ et par suite } f(M_{ij}) = v_{ij}\sum_{l=1}^{n}\sum_{k=1}^{m} u_{kl}M'_{kl}.$$

Ainsi l'opérateur dyadic $f = U \otimes V$ est représenté par la matrice A d'ordre $mn \times pq$ dont les colonnes sont $v_{ij}vec(U), i = \overline{1,p}, j = \overline{1,q}$. En utilisant la définition du produit de Kronecker, on vérifie que $A = kron(vec(V)^T, vec(U))$.
∎

Remarque 4.3. *L'opérateur* $U \otimes V$ *s'applique à une matrice d'ordre* $p \times q$, *alors que la matrice* A *s'applique à un vecteur de* $\mathbb{R}^{pq}$ *et par conséquent la formulation des méthodes de quasi-Newton change comme suit :*

1) Forme **B** *:*

$$vec(X_{k+1}) = vec(X_k) + s_k,$$
$$B_k s_k = -vec(\mathcal{F}(X_k)),$$
$$B_{k+1} = B_k + T_k.$$

où $\{B_k\}$ est une suite de matrices inversibles.

Et la mise à jour de la méthode de Broyden s'exprime, donc, par

$$B_{k+1} = B_k + \frac{1}{\langle s_k, s_k \rangle} kron(s_k^T, y_k - B_k s_k),$$
$$y_k = vec(Y_k) = vec(\mathcal{F}(X_{k+1}) - \mathcal{F}(X_k))$$
$$= vec(\mathcal{F}(X_{k+1})) - vec(\mathcal{F}(X_k))$$

2) Forme **H** *:*

$$vec(X_{k+1}) = vec(X_k) - H_k vec(\mathcal{F}(X_k)),$$
$$H_{k+1} = H_k + E_k.$$

où $\{H_k\}$ est une suite de matrices inversibles.

Et la mise à jour (SR1) prend la forme

$$H_{k+1} = H_k + \frac{1}{\langle s_k - H_k y_k, y_k \rangle} kron((s_k - H_k y_k)^T, s_k - H_k y_k),$$
$$s_k = vec(S_k) = vec(X_{k+1}) - vec(X_k)$$
$$et\ y_k = vec(Y_k) = vec(\mathcal{F}(X_{k+1}) - \mathcal{F}(X_k)).$$

Remarque 4.4. *Sous cette forme, les méthodes de quasi-Newton souffrent aussi des problèmes de la convergence locale. Comme pour la méthode de Newton, nous pouvons appliquer une recherche linéaire.*

4.5.4 Convergence globale superlinéaire

La technique usuelle consiste à introduire un pas de recherche α_k comme suit :

MQN (forme B)

$$X_{k+1} = X_k + \alpha_k D_k,$$
$$B_k D_k = -\mathcal{F}(X_k),$$
$$B_{k+1} = B_k + T_k.$$

où α_k est calculé de manière exacte ou approchée par les techniques développées dans § 4.1.2.

MQN (forme H)

$$\begin{aligned} X_{k+1} &= X_k + \alpha_k D_k \\ D_k &= -H_k \mathcal{F}(X_k), \\ H_{k+1} &= H_k + E_k. \end{aligned}$$

Remarque 4.5. *Si la taille des matrices est assez grande, le problème de mémorisation devient très sérieux, et là on peut faire appel aux méthodes décrites dans le Chapitre 3.*

Remarque 4.6. *Dans certains problèmes pratiques, on recherche les solutions définies positives. Ceci nous ramène à résoudre les équations matricielles dans le cône des matrices symétriques définies positives. Notons que ce problème fait l'objet de travaux en cours.*

4.6 Quelques codes sous Matlab

4.6.1 Le code *lyap*

Permet de résoudre les équations de Lyapunov et de Sylvester.

Syntaxe

$X = lyap(A, Q)$, résoud l'équation de Lyapunov

$$AX + XA^T + Q = 0.$$

$X = lyap(A, B, C)$, résoud l'équation de Sylvester

$$AX + XB + C = 0.$$

$X = lyap(A, Q, [.], E)$, résoud l'équation de Lyapunov généralisée

$$AXE^T + EXA^T + Q = 0.$$

4.6.2 Le code *care*

Permet de résoudre les équations algèbriques continues de Riccati (Continuous-time Algebraic Riccati Equation).

Syntaxe

$[X, L, G] = care(A, B, Q)$, calcul l'unique solution X de l'équation de Riccati symmétrique
$$AX + XA^T - XBB^TX + Q = 0,$$
et fait retourner la matrice de guin $G = B^TX$, et le vecteur de valeurs propres $L = eig(A - B*G, I)$ de la matrice $[A - B*G, I]$.

$[X, L, G] = care(A, B, Q, R, S, E)$, résoud l'équation de Riccati généralisée
$$A^TXE + E^TXA - (E^TXB + S)R^{-1}(B^TXE + S^T) + Q = 0,$$
en plus de la solution X, la fonction care fait retourner la matrice gain $G = R^{-1}B^TXE$, et le vecteur de valeurs propres $L = eig(A - B*G, E)$ de la matrice $[A - B*G, E]$.

Chapitre 5

Résolution des systèmes d'équations linéaires infinis

5.1 Introduction

Dans ce chapitre, on s'intéresse à l'étude des systèmes linéaires infinis représentés par l'équation matricielle $AX = B$ où A est une matrice infinie avec un nombre infini de lignes et un nombre infini de colonnes, B et X sont des matrices colonnes infinies et X est l'inconnue. Dans plusieurs applications, il est nécessaire de trouver une solution explicite, quand elle existe, de ce système. Ainsi, pour une matrice de transformation A donnée, on a besoin d'une part, de savoir si l'équation $AX = B$ admet une solution dans un espace de suites donné et d'autre part, d'approcher cette solution. A cet effet, plusieurs méthodes peuvent être utilisées.

Dans ce chapitre, nous considérons deux méthodes. La première est la méthode de *section finie* qui permet de construire une suite naturelle de suites finies convergeant vers une solution. La seconde est la méthode $(SR1)$ qui est une méthode quasi-Newtonienne permettant de construire une suite convergeant rapidement vers la solution. Enfin, nous traitons un exemple numérique dans lequel nous construisons explicitement une suite convergeant rapidement vers l'unique solution du système infini.

5.2 Préliminaires

Soient $A = (a_{nm})_{n,m\geq 1}$ une matrice infinie et $X = (x_n)_{n\geq 1}$ une suite. On définit le produit $AX = (A_n(X))_{n\geq 1}$ où

$$A_n(X) = \sum_{m=1}^{\infty} a_{nm} x_m$$

lorsque les séries convergent pour tout $n \geq 1$. On considérera ensuite l'équation

$$AX = B$$

où $B = (b_n)_{n\geq 1}$ est une suite donnée. Cette équation est équivalente au système infini d'équations linéaires

$$\sum_{m=1}^{\infty} a_{nm} x_m = b_n, \ (n = 1, 2, ...).$$

Notons S l'ensemble de toutes les suites complexes. On désignera respectivement par φ, c_0, c et l_∞ l'espace des suites à support fini, l'espace des suites convergeant vers zéro, l'espace des suites convergentes et l'espace des suites bornées.

Pour tous sous-ensembles $\mathcal{X}$ et $\mathcal{Y}$ de $\mathcal{S}$, on dira que l'opérateur représenté par la matrice infinie $A = (a_{nm})_{n,m\geq 1}$ est une application de $\mathcal{X}$ dans $\mathcal{Y}$, et on note $A \in (\mathcal{X}, \mathcal{Y})$ (cf. [59]), si

i) les séries définies par $A_n(X)$ sont convergentes pour tout $n \geq 1$ et pour tout $X \in \mathcal{X}$;

ii) $AX \in \mathcal{Y}$ pour tout $X \in \mathcal{X}$.

Pour tout sous-ensemble $\mathcal{X}$ de $\mathcal{S}$, on écrira

$$A\mathcal{X} = \{Y \in \mathcal{S} : \exists X \in \mathcal{X} \text{ tel que } Y = AX\}.$$

Soit $\mathcal{X} \subset \mathcal{S}$ un espace de Banach muni de la norme $\|\cdot\|_{\mathcal{X}}$, $\mathcal{B}(\mathcal{X})$ désigne l'ensemble des opérateurs linéaires bornés *de $\mathcal{X}$ dans lui même*. Ainsi, $A \in \mathcal{B}(\mathcal{X})$ si et seulement si $A : \mathcal{X} \to \mathcal{X}$ est un opérateur linéaire et

$$\|A\|^*_{\mathcal{B}(\mathcal{X})} = \sup_{X \neq 0} \left(\frac{\|AX\|_{\mathcal{X}}}{\|X\|_{\mathcal{X}}} \right) < \infty.$$

Il est bien connu que $\mathcal{B}(\mathcal{X})$ est une algèbre de Banach pour la norme $\|A\|_{\mathcal{B}(\mathcal{X})}^*$.

Un espace de Banach $\mathcal{X} \subset \mathcal{S}$ est un espace de type BK si les fonctionnelles coordonnées $P_n : X \mapsto x_n$ de $\mathcal{X}$ dans $\mathbb{R}$ sont continues pour tout n. Un espace $\mathcal{X}$ de type BK a la propriété AK si toute suite $X = (x_k)_{k \geq 1} \in \mathcal{X}$ admet un unique développement $X = \sum_{k=1}^{\infty} x_k e^{(k)}$ où $e^{(k)}$ désigne la suite définie par $e_k^{(k)} = 1$ et $e_j^{(k)} = 0$ pour $j \neq k$. Il est bien connu que si $\mathcal{X}$ a la propriété AK alors $B(\mathcal{X}) = (\mathcal{X}, \mathcal{X})$ (cf. [60]). Dans ce qui suit, nous donnerons explicitement de nouvelles propriétés de certaines algèbres particulières.

5.3 Quelques résultats sur la théorie des matrices infinies

Dans cette section, on donnera quelques propriétés de l'équation $AX = B$ pour $A \in \mathcal{B}(\mathcal{X})$ et $B \in \mathcal{X}$ avec $\mathcal{X} \in \left\{ s_\alpha, s_\alpha^\circ, s_\alpha^{(c)}, l_p(\alpha) \right\}$ et $1 \leq p < \infty$.

5.3.1 L'algèbre de Banach $\mathcal{B}(l_p(\alpha))$ avec $1 \leq p < \infty$

On notera
$$U^+ = \left\{ \alpha = (\alpha_n)_{n \geq 1} \in \mathcal{S} : \alpha_n > 0 \text{ pour tout } n \right\}.$$

Rappelons que l_p, où $p > 0$, est l'ensemble des suites $X = (x_n)_{n \geq 1}$ telles que $\sum_{n=1}^{\infty} |x_n|^p < \infty$.

Pour toute suite $\alpha = (\alpha_n)_{n \geq 1} \in U^+$ donnée et $p \geq 1$, on considère l'ensemble

$$l_p(\alpha) = \left\{ X \in \mathcal{S} : \sum_{n=1}^{\infty} \left(\frac{|x_n|}{\alpha_n} \right)^p < \infty \right\}.$$

Soit $\xi \in \mathcal{S}$, on note D_ξ la matrice diagonale définie par $[D_\xi]_{nn} = \xi_n$. On a alors $D_\alpha l_p = l_p(\alpha)$. D'autre part, il est facile de vérifier que $l_p(\alpha)$ est un espace de Banach pour la norme

$$\|X\|_{l_p(\alpha)} = \left\| D_{\frac{1}{\alpha}} X \right\|_{l_p} = \left[\sum_{n=1}^{\infty} \left(\frac{|x_n|}{\alpha_n} \right)^p \right]^{\frac{1}{p}}.$$

Comme $l_p(\alpha)$ a la propriété AK, $\mathcal{B}(l_p(\alpha)) = (l_p(\alpha), l_p(\alpha))$ et $\mathcal{B}(l_p(\alpha))$ est une algèbre de *Banach unitaire*, (cf.[22]). Ainsi, on a

$$\|AX\|_{l_p(\alpha)} \leq \|A\|^*_{\mathcal{B}(l_p(\alpha))} \|X\|_{l_p(\alpha)} \text{ pour tout } X \in l_p(\alpha).$$

Remarquons que $l_p = l_p(e)$, où $e = (1, ..., 1, ...)$ et

$$\left\|D_{\frac{1}{\alpha}} A D_\alpha\right\|^*_{\mathcal{B}(l_p)} = \|A\|^*_{\mathcal{B}(l_p(\alpha))} \quad \forall A \in \mathcal{B}(l_p(\alpha)).$$

On a donc $A \in \mathcal{B}(l_p(\alpha))$ si et seulement si $D_{1/\alpha} A D_\alpha \in \mathcal{B}(l_p)$. Si $\alpha = (r^n)_{n \geq 1}$, où $r > 0$ est un réel donné, $l_p(\alpha)$ est noté $l_p(r)$.

Lorsque $p = \infty$, on obtient les résultats suivants.

5.3.2 Les algèbres de Banach S_α et $\mathcal{B}(\mathcal{X})$ où $\mathcal{X} = s_\alpha$, s_α°, ou $s_\alpha^{(c)}$

Soit $\alpha = (\alpha_n)_{n \geq 1} \in U^+$, on définit alors

$$s_\alpha = l_\infty(\alpha) = \{X \in \mathcal{S} : x_n/\alpha_n = O(1) \ (n \to \infty)\},$$

(cf. [19]-[23]). L'ensemble s_α est un espace de Banach pour la norme $\|X\|_{s_\alpha} = \sup_{n \geq 1} (|x_n|/\alpha_n)$. L'ensemble

$$\mathcal{S}_\alpha = \left\{ A = (a_{nm})_{n,m \geq 1} : \|A\|_{\mathcal{S}_\alpha} = \sup_{n \geq 1} \left(\frac{1}{\alpha_n} \sum_{m=1}^\infty |a_{nm}| \alpha_m \right) < \infty \right\} \quad (5.1)$$

est une algèbre de Banach unitaire normé par $\|A\|_{\mathcal{S}_\alpha}$. Rappelons que si $A \in (s_\alpha, s_\alpha)$, alors

$$\|AX\|_{s_\alpha} \leq \|A\|_{\mathcal{S}_\alpha} \|X\|_{s_\alpha} \text{ pour tout } X \in s_\alpha.$$

On montre que $\mathcal{S}_\alpha = (s_\alpha, s_\alpha)$ et si on pose $B(s_\alpha) = \mathcal{B}(s_\alpha) \bigcap (s_\alpha, s_\alpha)$ alors $B(s_\alpha) = \mathcal{S}_\alpha$. Ce qui signifie que $\mathcal{S}_\alpha$ est une sous-algèbre de $\mathcal{B}(s_\alpha)$.

Comme précédemment, si $\alpha = (r^n)_{n \geq 1}$, $r > 0$, $\mathcal{S}_\alpha$ et s_α sont notés $\mathcal{S}_r$ et s_r. Pour $r = 1$, $s_1 = l_\infty$ est l'ensemble des suites bornées.

De la même manière, on définit les ensembles

$$s_\alpha^\circ = \left\{ X \in \mathcal{S} : \frac{x_n}{\alpha_n} \xrightarrow[n \to \infty]{} 0 \right\}$$

et
$$s_\alpha^{(c)} = \left\{ X \in \mathcal{S} : \frac{x_n}{\alpha_n} \underset{n\to\infty}{\to} \to l \right\}.$$

Les ensembles $\overset{\circ}{s}_\alpha$ et $s_\alpha^{(c)}$ sont des espaces de Banach pour la norme $\|\cdot\|_{s_\alpha}$ (*cf.* [20]). Comme conséquence directe des résultats précédents, les ensembles $\mathcal{B}\left(\overset{\circ}{s}_\alpha\right) = \left(\overset{\circ}{s}_\alpha, \overset{\circ}{s}_\alpha\right)$ et $\mathcal{B}\left(s_\alpha^{(c)}\right)$ sont des algèbres de Banach unitaires pour la norme $\|A\|_{\mathcal{B}(s_\alpha)}$.

5.3.3 Application aux matrices infinies tridiagonales

Les matrices infinies tridiagonales sont utilisées dans de nombreuses applications telles que l'étude des fractions continues (*cf.* [22]), ou la méthode des différences finies (*cf.* [52]), etc.....

On s'intéressera, tout d'abord, à certaines propriétés de l'application matricielle $M(\gamma, a, \eta)$ entre des espaces de suites particuliers, puis on calculera l'inverse de la matrice $M(\gamma, e, \eta)$ où γ et η sont des constantes. Ces résultats seront utilisés dans l'Exemple 3.

Soient $\gamma = (\gamma_n)_{n\geq 1}$, $\eta = (\eta_n)_{n\geq 1}$, $a = (a_n)_{n\geq 1}$ trois suites. On suppose que $a_n \neq 0$ pour tout n et on désigne par $M(\gamma, a, \eta)$ la matrice infinie tridiagonale

$$M(\gamma, a, \eta) = \begin{pmatrix} a_1 & \eta_1 & & & \\ \gamma_2 & a_2 & \eta_2 & & 0 \\ & \cdot & \cdot & \cdot & \\ 0 & & \gamma_n & a_n & \eta_n \\ & & & \cdot & \cdot \end{pmatrix}.$$

Soit
$$\Gamma_\alpha = \left\{ A = (a_{nm})_{n,m\geq 1} \in \mathcal{S}_\alpha : \|I - A\|_{S_\alpha} < 1 \right\}.$$

Lorsque $\alpha = (r^n)_{n\geq 1}$, Γ_α est noté par Γ_r. Comme $\mathcal{S}_\alpha$ est une algèbre de Banach, on vérifie immédiatement que $A \in \Gamma_\alpha$ implique que A est inversible et $A^{-1} \in S_\alpha$. En utilisant les résultats des Sous-sections 5.3.1 et 5.3.2, on en déduit la proposition suivante :

Proposition 5.1. *([23]) Supposons que* $D_{1/a}M(\gamma, a, \eta) \in \Gamma_\alpha$, *c'est à dire*

$$\sup_n \left[\frac{1}{a_n} \left(|\gamma_n| \frac{\alpha_{n-1}}{\alpha_n} + |\eta_n| \frac{\alpha_{n+1}}{\alpha_n} \right) \right] < 1.$$

Alors

i) a) $M(\gamma, a, \eta) \in (s_\alpha, s_{|a|\alpha})$,

b) $M(\gamma, a, \eta)$ *est inversible et* $M(\gamma, a, \eta)^{-1} \in (s_{|a|\alpha}, s_\alpha)$,

c) pour tout $B \in s_{|a|\alpha}$ *l'équation* $M(\gamma, a, \eta) X = B$ *admet une solution unique dans* s_α *déterminée par*

$$X^* = M(\gamma, a, \eta)^{-1} B \tag{5.2}$$

ii) a) $M(\gamma, a, \eta) \in \left(s_\alpha^\circ, s_{|a|\alpha}^\circ\right)$,

b) $M(\gamma, a, \eta)$ *est inversible et* $M(\gamma, a, \eta)^{-1} \in \left(s_{|a|\alpha}^\circ, s_\alpha^\circ\right)$,

c) pour tout $B \in s_{|a|\alpha}^\circ$ *l'équation* $M(\gamma, a, \eta) X = B$ *admet une solution unique dans* s_α° *déterminée par (5.2)*

iii) si

$$\frac{1}{a_n}\left(\gamma_n \frac{\alpha_{n-1}}{\alpha_n} + \eta_n \frac{\alpha_{n+1}}{\alpha_n}\right) \to l \neq 0 \ (n \to \infty),$$

alors

a) $M(\gamma, a, \eta) \in \left(s_\alpha^{(c)}, s_{|a|\alpha}^{(c)}\right)$,

b) $M(\gamma, a, \eta)$ *est inversible et* $M(\gamma, a, \eta)^{-1} \in \left(s_{|a|\alpha}^{(c)}, s_\alpha^{(c)}\right)$,

c) pour tout $B \in s_{|a|\alpha}^{(c)}$ *l'équation* $M(\gamma, a, \eta) X = B$ *admet une solution unique dans* $s_\alpha^{(c)}$ *déterminée par (5.2)*

iv) Soit $p \geq 1$ *un réel. Si* $\widetilde{K}_{p,\alpha} = K_1 + K_2 < 1$ *où*

$$K_1 = \sup_n \left(\left|\frac{\gamma_n}{a_n}\right| \frac{\alpha_{n-1}}{\alpha_n}\right) \ et \ K_2 = \sup_n \left(\left|\frac{\eta_n}{a_n}\right| \frac{\alpha_{n+1}}{\alpha_n}\right),$$

alors

a) $M(\gamma, a, \eta) \in (l_p(\alpha), l_p(|a|\alpha))$,

b) $M(\gamma, a, \eta)$ *est inversible et* $M(\gamma, a, \eta)^{-1} \in (l_p(|a|\alpha), l_p(\alpha))$,

c) pour tout $B \in l_p(|a|\alpha)$ *l'équation* $M(\gamma, a, \eta) X = B$ *admet une solution unique dans* $l_p(\alpha)$ *déterminée par (5.2)*.

On en déduit le corollaire suivant :

Corollaire 5.1. *Si $\widetilde{K}_{1,\alpha} < 1$, alors $M(\gamma, a, \eta)$ est bijective de $l_1(\alpha)$ dans $l_1(|a|\alpha)$ et bijective de s_α dans $s_{|a|\alpha}$.*

Démonstration. Premièrement, en posant $p = 1$ dans la Proposition (5.1 iv), on déduit que $M(\gamma, a, \eta)$ est bijective de $l_1(\alpha)$ dans $l_1(|a|\alpha)$. Deuxièmement, de ([23]) on a
$$\left\| I - D_{1/a} M(\gamma, a, \eta) \right\|_{S_\alpha} \leq \widetilde{K}_{1,\alpha} < 1$$
et on conclut que $M(\gamma, a, \eta)$ est bijective de s_α dans $s_{|a|\alpha}$. ∎

Remarque 5.1. *Notons que si $p = 1$, la condition*
$$\left\| I - [D_{1/a} M(\gamma, a, \eta)]^t \right\|_{S_\alpha} = \sup_n \left(\left| \frac{\gamma_{n+1}}{a_{n+1}} \right| \frac{\alpha_{n+1}}{\alpha_n} + \left| \frac{\eta_{n-1}}{a_{n-1}} \right| \frac{\alpha_{n-1}}{\alpha_n} \right) < 1$$
implique aussi que $M(\gamma, a, \eta)$ est bijective de $l_1(\alpha)$ dans $l_1(|a|\alpha)$.

Lorsque $a = e$, $\gamma_n = \gamma$ et $\eta_n = \eta$ pour tout n, la matrice $M(\gamma, e, \eta)$ est notée $M(\gamma, \eta)$. Rappelons le résultat suivant où nous explicitons l'inverse de $M(\gamma, \eta)$.

Proposition 5.2. *[23] Soient γ, η deux réels tels que $0 < \gamma + \eta < 1$. Alors*

i) $M(\gamma, \eta) : X \longmapsto M(\gamma, \eta) X$ est bijective de $\mathcal{X}$ dans lui même, pour $\mathcal{X} \in \{s_1, c_0, c, l_p, p \geq 1\}$.

ii) a) Soit $\mathcal{X}$ l'un des ensembles s_1, c_0, c, ou $l_p(\alpha)$ et posons
$$u = \left(1 - \sqrt{1 - 4\gamma\eta}\right)/2\gamma \text{ et } v = \left(1 - \sqrt{1 - 4\gamma\eta}\right)/2\eta.$$
Alors pour tout $B \in \mathcal{X}$ donné, l'équation $M(\gamma, \eta) X = B$ admet une solution unique $X^* = (x_n^*)_{n \geq 1}$ dans $\mathcal{X}$ déterminée par
$$x_n^* = \left(\frac{uv + 1}{uv - 1} \right) (-1)^n v^n \sum_{m=1}^{\infty} \left[1 - (uv)^{-l} \right] (-1)^m u^m b_m \ \forall n,$$
où $l = \min(n, m)$.

b) L'inverse $[M(\gamma, \eta)]^{-1} = (a'_{nm})_{n,m \geq 1}$ est déterminée par
$$a'_{nm} = \left(\frac{uv + 1}{uv - 1} \right) (-1)^{n+m} v^{n-m} \left[(uv)^l - 1 \right] \ \forall n, m \geq 1, l = \min(n, m).$$

Jusqu'à présent, nous avons donné des résultats sur la solvabilité d'une classe de systèmes infinis. Comme la solution de l'équation matricielle peut avoir une expression compliquée, il est donc nécessaire de l'approximer. C'est l'objet même des sections suivantes.

5.4 Méthodes de section finie

Dans cette section, on donne deux méthodes d'approximations de la solution d'un système linéaire infini. On donnera aussi de nouvelles conditions sur A permettant d'assurer la convergence d'une suite de suites finies vers la solution du système linéaire infini.

Body Math Dans ce qui suit, on suppose que $A \in S_\alpha$ est une matrice infinie dont les éléments de la diagonale principale sont non nuls. Pour tout entier k, soit $A'_k = (\eta_{nm})_{n,m \geq 1}$ la matrice infinie définie par

$$\eta_{nm} = \begin{cases} a_{nm} & \text{si } n, m \leq k, \\ 0 & \text{sinon}\,; \end{cases}$$

B_k est la matrice obtenue à partir de B de la même manière. $[A]_k$ désigne la matrice finie $(a_{nm})_{n,m \leq k}$ et $[B]_k = (b_n)_{n \leq k}$. Si $[A]_k$ est inversible, on pose

$$\hat{A}'_k = \begin{pmatrix} [A]_k^{-1} & \\ & 0 \end{pmatrix}.$$

Notons que $A'_k \hat{A}'_k = \hat{A}'_k A'_k = I'_k$.

Body Math Le remplacement de l'équation $AX = B$ par $[A]_k [Y]_k = [B]_k$ ($[Y]_k$ étant l'inconnue de la dernière équation) est appelée méthode de section finie. Ce principe a été utilisé pour les matrices de Toeplitz de la forme

$$A = \begin{pmatrix} a_0 & a_{-1} & . & . & . \\ a_1 & a_0 & a_{-1} & . & . \\ a_2 & a_1 & a_0 & . & . \\ . & . & . & . & . \\ . & . & . & . & . \end{pmatrix},$$

où $(a_n)_{-\infty < n < +\infty}$ est une suite donnée. Notons que les matrices qui nous intéressent dans ce chapitre ne sont pas de Toeplitz.

Body Math D'autre part, l'invertibilité de toute les matrices $[A]_k$ n'implique pas l'invertibilité de A, (*cf.* [21]). On est donc obligé de faire des hypothèses supplémentaires sur A, pour que la suite
$$X_k = \hat{A}'_k B_k$$
converge vers une limite dans un espace donné.

Body Math Notons que ce problème a été étudié dans le cas où A est une matrice de *Toeplitz de* l_2 dans l_2 et a été lié à la notion de stabilité (*cf.* [85]).

Body Math Rappelons que la suite de matrices $([A]_k)_{k \geq 1}$ est *stable* si chaque matrice $[A]_k$ est inversible pour tout k suffisamment grand, disons pour $k \geq k_0$, et pour une norme $\|\cdot\|$ convenablement choisie, on a
$$\sup_{k \geq k_0} \left(\left\| [A]_k^{-1} \right\| \right) < \infty.$$
Ici, on est intéressé au cas où $A \in (s_\alpha, s_\alpha)$ et on verra que la condition de stabilité est donnée par la Définition (5.1 i)).

5.4.1 Première méthode d'approximation d'une solution d'un système linéaire infini

Au préalable, on a besoin de la définition suivante.

Définition 5.1. *Soit* $\alpha = (\alpha_n)_{n \geq 1} \in U^+$ *une suite décroissante telle que*
$$\alpha_n \leq 1 \text{ pour tout } n.$$
Une matrice infinie $A \in S_\alpha$ *est dite* α-*inversible si les conditions suivantes sont satisfaites :*

i) la matrice $[A]_k$ est inversible pour tout k et en posant $[A]_k^{-1} = (a'_{nm}(k))_{n,m \leq k}$ on a
$$\tau_k = \sup_{n,m \leq k} |a'_{nm}(k)| = O(1) \quad (k \to \infty).$$

ii)
$$q = \left(\sup_{n \geq k} \left(\sum_{m=1}^{k-1} \frac{|a_{nm}|}{\alpha_n} \right) \right)_{k \geq 2} \in l_1.$$
Si $\alpha = (r^n)_{n \geq 1}$ *avec* $r \in \,]0,1]$, *on dit que* A *est* r-*inversible.*

On peut énoncer le résultat suivant. :

Théorème 5.1. *([21]) Soit A une matrice infinie α-inversible. Pour tout $B \in \varphi$, il existe une solution $X^* \in s_\alpha$ de l'équation $AX = B$ telle que*

$$\lim_{k \to \infty} \|X_k - X^*\|_{s_\alpha} = 0,$$

c'est à dire $X_k \underset{k \to \infty}{\to} X^*$ dans s_α.

Comme conséquence directe du Théorème (5.1), on obtient l'exemple suivant.

Exemple 5.1. *(cf. [[19], Example 7, pp. 98])* Soit $A = \left(\sigma^{|m-n|m}\right)_{n,m \geq 1}$ avec $\sigma \in]0, 1/3[$. Premièrement on voit que

$$\sigma^{|m-n|m} = \left(\sigma^{|m-n|}\right)^m \leq \sigma^{|m-n|} \text{ pour tout } m, n.$$

Alors

$$\sum_{m \geq 1, m \neq n} \sigma^{|m-n|m} \leq \sum_{i=1}^{n-1} \sigma^i + \sum_{i=1}^{\infty} \sigma^i \leq \frac{2\sigma}{1-\sigma},$$

et

$$\|I - A\|_{S_1} = \sup_n \left(\sum_{m \geq 1, m \neq n} \sigma^{|m-n|m}\right) \leq \frac{2\sigma}{1-\sigma}; Ainsi,$$

Remarque 5.2. *Les résultats dans l'exemple précédent sont aussi vrais pour $1/2 < \sigma < 2/3$. En fait on a*

$$\sum_{m \geq 1, m \neq n} \sigma^{|m-n|m} \leq -1 + \sum_{m=1}^{\infty} \sigma^m = \frac{-1 + 2\sigma}{1 - \sigma},$$

et $\|I - A\|_{S_1} \leq (-1 + 2\sigma)/(1 - \sigma) < 1$ pour $1/2 < \sigma < 2/3$.

5.4.2 Deuxième méthode d'approximation

Quand on suppose tout les éléments diagonaux égaux à 1, on peut donner un résultat similaire, où la solution

$$X^* = \sum_{n=0}^{\infty} (I - A)^n B$$

de l'équation $AX = B$ peut être approchée par la suite

$$X'_k = (A^*_k)^{-1} B = \sum_{n=0}^{\infty} (I - A^*_k)^n B,$$

où

$$A^*_k = \begin{pmatrix} [A]_k & & \\ & 1 & 0 \\ & 0 & 1 \\ & & & \ddots \end{pmatrix}.$$

L'avantage de cette méthode réside dans le fait qu'elle permet d'obtenir un majorant de $\|X'_k - X^*\|_{s_r}$. Notons que pour tout $B \in \varphi$ donnée, on a $X'_k = X_k$ pour tout k. Maintenant pour $r > 0$, posons

$$\gamma_k = \sup_{n \leq k} \left(\frac{1}{r^n} \sum_{m=k+1}^{\infty} |a_{nm}| r^m \right), \ \gamma'_k = \sup_{n \geq k+1} \left(\frac{1}{r^n} \sum_{m=1, m \neq n}^{\infty} |a_{nm}| r^m \right).$$

Alors on peut énoncer le résultat suivant basé sur le fait que $\|A - A^*_k\|_{S_r} = \sup(\gamma_k, \gamma'_k)$.

Proposition 5.3. *(cf. [[21], Proposition 14, pp. 140], [[19], Proposition 9, pp. 99]) Supposons que $A \in \Gamma_r$ et $(\gamma_k)_{k \geq 1}, (\gamma'_k)_{k \geq 1} \in c_0$. Alors $X'_k \to X^*$ $(k \to \infty)$ dans s_r pour tout $B \in s_r$ et*

$$\|X'_k - X^*\|_{s_r} \leq \sup(\gamma_k, \gamma'_k) \frac{\|B\|_{s_r}}{(1-\rho)^2} \ \text{pour tout } k$$

où $\rho = \|I - A\|_{S_r}$.

Exemple 5.2. *La Proposition 5.3 peut être appliquée à la matrice $A = \left(\sigma^{|m-n|m} \right)_{n,m \geq 1}$, definie dans l'exemple 5.1 avec $0 < \sigma < 1/3$. Comme on vient juste de le voir, puisque $A \in \Gamma_1$ on prendra $r = 1$. En posant $\varkappa_k = \sigma^k / (1 - \sigma^k)$, on obtient pour tout k,*

$$\begin{cases} \gamma_k \leq \sup_{n \leq k} \left(\sum_{i=1}^{\infty} \sigma^{(k+1)(k+i-n)} \right) \leq \varkappa_{k+1}, \\ \gamma'_k \leq \sup_{n \geq k+1} \left((n-1)\sigma^{n-1} + \frac{\sigma^{n+1}}{1-\sigma^{n+1}} \right) \leq k\sigma^k + \varkappa_{k+2}. \end{cases}$$

Comme on a $(\varkappa_k)_{k \geq 1}, (k\sigma^k)_{k \geq 1} \in c_0$, on a aussi $(\gamma_k)_{k \geq 1}, (\gamma'_k)_{k \geq 1} \in c_0$.

Alors il existe un entier N, tel que

$$k\sigma^k + \varkappa_{k+2} - \varkappa_{k+1} = k\sigma^k \left[1 + \frac{\sigma^2}{k(1-\sigma^{k+2})} - \frac{\sigma}{k(1-\sigma^{k+1})} \right] > 0$$

pour tout $k \geq N$. Puis en utilisant la Proposition 5.3 et l'inégalité $\|I - A\|_{S_1} \leq 2\sigma/(1-\sigma)$ on conclut

$$\|X'_k - X^*\|_{s_1} \leq \left(k\sigma^k + \varkappa_{k+2} \right) \left(\frac{1-\sigma}{1-3\sigma} \right)^2 \|B\|_{s_1} \text{ pour tout } k \geq N.$$

Remarque 5.3. *Notons qu'une matrice r-inversible ne satisfait pas nécessairement les conditions de la Proposition 5.3. En effet, prenons un réel ρ, $0 < \rho < 1$ et posons*

$$A = \begin{pmatrix} 1 & \rho & & \\ & 1 & \rho & 0 \\ & 0 & & \ddots \\ & & & & \ddots \end{pmatrix}.$$

Il est facile de voir que A est 1-inversible, mais $\gamma_k = \rho$ ne converge pas vers 0. Ce qui montre que la première condition de la proposition précédente n'est pas satisfaite.

Dans ce qui suit on s'intéresse à d'autres méthodes d'approximations où l'on construit une suite convergeant rapidement vers une solution d'un système linéaire infini.

5.5 Application des méthodes quasi-Newtoniennes aux systèmes linéaires infinis

Les méthodes quasi-Newton ont été appliquées à plusieurs problèmes posés dans des espaces de Hilbert de dimension infinie tels que *l'approximation des solutions d'équations intégrales non linéaires, les problèmes aux limites elliptiques, les problèmes de contôle optimal sans contraintes (cf. [47, 48, 49]), l'identification d'un système parabolique, le problème inverse parabolique (cf. [87, 86])*, etc... mais il semblerait que les méthodes de quasi-Newton n'ont jamais été appliquées directement à *la résolution des systèmes linéaires infinis*.

Dans le cas particulier d'un espace de Hilbert $\mathcal{X}$, un système linéaire infini est représenté par l'équation

$$F(X) = AX - B = O, \tag{5.3}$$

où l'on suppose $A \in \mathcal{B}(\mathcal{X})$, $B \in \mathcal{X}$ sont donnés et A inversible dans $\mathcal{B}(\mathcal{X})$. Ainsi, pour tout $B \in \mathcal{X}$, l'équation $AX = B$ admet une solution unique donnée par $X^* = A^{-1}B$. Notons que le calcul de A^{-1} est très difficile dans beaucoup de cas, il est donc naturel d'utiliser une méthode itérative pour obtenir une approximation de la solution de cette équation. Rappelons qu'une méthode de quasi-Newton de type H, pour résoudre une équation $F(X) = O$, *est un schéma itératif qui engendre une suite* $(X_k)_{k\geq 1}$ dans $\mathcal{X}$ *approximant* X^* *et une suite* $(H_k)_{k\geq 1}$ *dans* $\mathcal{B}(\mathcal{X})$ *approximant* $[F'(X^*)]^{-1}$ en utilisant les formules

$$X_{k+1} = X_k - H_k F(X_k) \quad k = 1, 2, ..., \tag{5.4}$$

$$H_{k+1} = H_k + E_k \quad k = 1, 2, ..., \tag{5.5}$$

où $E_k \in \mathcal{B}(\mathcal{X})$ est un terme de *correction* dépendant de X_k, X_{k+1} et H_k. L'algorithme s'arrête si, par exemple, $\|F(X_k)\| < \epsilon$ pour $\epsilon > 0$ assez petit. Une méthode de quasi-Newton est définie par la formule (5.5) permettant de calculer H_{k+1}. Pour le traitement numérique de l'exemple 5.3, nous utiliserons la formule symétrique de rang-un (*symmetric rank-one formula*) notée en abrégé (SR1) définie par

$$H_{k+1} = H_k + (S_k - H_k Y_k) \otimes (S_k - H_k Y_k) / <S_k - H_k Y_k, Y_k> \tag{5.6}$$

où

$$S_k = X_{k+1} - X_k, \ Y_k = F(X_{k+1}) - F(X_k) \quad k = 1, 2, ... \tag{5.7}$$

Notons que la méthode *(SR1)* a été tout d'abord publiée par Broyden (1967) en dimension finie (cf. [12]). Plusieurs auteurs ont proposé la généralisation des méthodes quasi-Newtoniennes aux espaces de Hilbert de dimension infinies (Voir, par exemple Horwitz-Sarachik (1968) [41] et Sachs (1986) [74]). Comme nous l'avons vu au chapitre 1, la convergence locale linéaire des méthodes quasi-Newtoniennes découle du Théorème 1.7. Puisque le problème qui nous préoccupe est représenté par une équation linéaire, les conditions du Théorème 1.7 se limitent à A inversible dans $\mathcal{B}(\mathcal{X})$ en plus de la condition (1.59) sur les opérateurs H_k. On démontre que cette dernière condition est automatiquement satisfaite par la mise à jour (SR1). La convergence est superlinéaire sous l'hypothèse supplémentaire de compacité de l'opérateur $E_0 = H_0 - [F'(X^*)]^{-1}$. Plus précisément, on peut énoncer le résultat suivant.

Corollaire 5.2. *Soit $A \in \mathcal{B}(\chi)$ un opérateur inversible. Alors la suite $(X_k)_{k \geq 1}$ engendrée par la méthode (SR1) définie par (5.4), (5.6) et (5.7) converge localement et linéairement vers X^*. La convergence est superlinéaire sous l'hypothèse supplémentaire de compacité de l'opérateur $E_0 = H_0 - A^{-1}$.*

Remarque 5.4. *Soit $\mathbf{B}_0$, $A \in \mathcal{B}(\chi)$ deux opérateurs inversibles. Puisque*

$$H_0 - A^{-1} = -H_0(\mathbf{B}_0 - A)A^{-1}$$

est le produit d'un opérateur compact par des opérateurs bornés, on déduit que si $D_0 = \mathbf{B}_0 - A$ est compact, il en est de même pour $E_0 = H_0 - A^{-1} = \mathbf{B}_0^{-1} - A^{-1}$.

Dans l'exemple suivant, nous construisons une suite engendrée par la méthode (SR1) qui converge vers la solution X^* donnée dans la Proposition 5.2 pour le cas particulier où $A = 3M(\gamma, \eta)$ et $\gamma = \eta = 1/3$.

Exemple 5.3. *Considérons $\chi = l_2$. On a, alors*

$$<X, Y> = \sum_{n=1}^{\infty} x_n y_n \text{ and } \|X\| = (\sum_{n=1}^{\infty} x_n^2)^{1/2}$$

pour tout $X = (x_n)_{n \geq 1}, Y = (y_n)_{n \geq 1} \in l_2$.

Prenons $B = e^{(1)}$ et

$$A = 3M(1/3, 1/3) = \begin{pmatrix} 3 & 1 & 0 & & & \\ 1 & 3 & 1 & 0 & & \mathbf{0} \\ 0 & 1 & 3 & 1 & 0 & \\ 0 & 0 & 1 & 3 & 1 & 0 \\ & & \cdot & \cdot & \cdot & \\ & & & \cdot & \cdot & \cdot \end{pmatrix}.$$

Comme nous venons de voir dans la Proposition 5.1, la matrice $(1/3)A = M(1/3, 1/3)$ considérée comme opérateur de l_2 dans lui même est bijective et l'unique solution de l'équation $M(1/3, 1/3)X = (1/3)B$ est déterminée par la Proposition 5.2 ii) a). Les méthodes d'approximations considérée dans la Section 4 ne s'appliquent pas. En effet, puisque $q_k = 1/3$, la matrice $M(1/3, 1/3)$ n'est pas α-inversible et comme $\gamma_k = r/3$ les hypothèses de la Proposition

5.3 ne sont pas satisfaites. Par contre, en utilisant la méthode quasi-Newton nous allons construire une suite $(X_k)_{k\geq 1}$ convergeant vers cette solution. Nous utiliserons ici la méthode (SR1) définie par (5.4), (5.6) et (5.7). Notons que le produit extérieur dans (5.6) est défini par

$$[(X \otimes Y)Z]_n = [<Y,Z> X]_n = x_n \sum_{m=1}^{\infty} y_m z_m \text{ pour tout } n.$$

La convergence locale linéaire de la suite $(X_k)_{k\geq 1}$, vers l'unique solution X^*, découle directement du Corollaire 5.2.

Pour démarrer l'algorithme, on prend $X_0 = 0$ (le vecteur nul de l_2) et $H_0 = I$ (l'opérateur identité de $\mathcal{B}(l_2)$). Puisque $B = e^{(1)}$, on remarque que pour tout k, la matrice infinie $H_k = \left(h_{nm}^k\right)_{n,m\geq 1}$ est définie par $h_{nn}^k = 1$ pour $n > k+1$, et $h_{nm}^k = 0$ pour $n,m > k+1$ et $n \neq m$. Ainsi, l'astuce de calculs consiste à considérer H_k comme matrice finie d'ordre $k+1$. L'idée est la même pour X_k. Ici, les calculs sont effectués à l'aide du logiciel MATLAB avec des matrices finies dont la taille augmente de un dans chaque itération. Pour la compréhension du lecteur, on présente l'algorithme explicitement comme suit

$$X_0 = [0,0,0,...]^T \to X_1 = [1,0,0,...]^T \to X_2 = [0.4285, -0.2857, 0, ...]^T \to ...$$
$$X_5 = [0.3820, -0.1461, 0.0563, -0.0230, 0.0129, 0, ...]^T \to ...$$

et pour H_k on a

$$H_0 = \begin{bmatrix} 1 & & & & \\ & 1 & & & \\ & & \cdot & & \mathbf{O} \\ & & & \cdot & \\ & \mathbf{O} & & & 1 \\ & & & & & \cdot \end{bmatrix} \to H_1 = \begin{bmatrix} 0.4286 & -0.2857 & & & & \\ -0.2857 & 0.8571 & & & & \\ & & 1. & & \mathbf{O} & \\ & & & \cdot & & \\ & & & & \cdot & \\ & & \mathbf{O} & & & 1 \\ & & & & & & \cdot \end{bmatrix}$$

$$\rightarrow H_2 = \begin{bmatrix} \begin{matrix} 0.3872 & -0.1614 & 0.0967 \\ -0.1614 & 0.4840 & -0.2902 \\ 0.0967 & -0.2902 & 0.7743 \end{matrix} & & \mathbf{O} & \\ & 1. & & \\ & & \ddots & \\ \mathbf{O} & & & \\ & & & 1. \\ & & & & \ddots \end{bmatrix}$$

etc.... Plus précisement, on obtient ce qui suit. Pour $k = 1$ on a $X_0, B_0 \in \mathbb{R}^2$ et $H_0, A_0 \in M_2$ telles que

$$X_0 = \begin{bmatrix} 0 \\ 0 \end{bmatrix}, \ H_0 = \begin{bmatrix} 1 & 0 \\ 0 & 1 \end{bmatrix}, \ A_0 = \begin{bmatrix} 3 & 1 \\ 1 & 3 \end{bmatrix} \ et \ B_0 = \begin{bmatrix} 1 \\ 0 \end{bmatrix}.$$

En utilisant Matlab, l'identité (5.5) donne X_1 et les identités (5.6) et (5.7) donnent H_1 avec

$$X_1 = \begin{bmatrix} 1 \\ 0 \end{bmatrix} \ et \ H_1 = \begin{bmatrix} 0.4286 & -0.2857 \\ -0.2857 & 0.8571 \end{bmatrix}.$$

Pour $k = 1$, il est naturel de poser

$$X_1 = \begin{bmatrix} 1 \\ 0 \\ 0 \end{bmatrix}, \ H_1 = \begin{bmatrix} 0.4286 & -0.2857 & 0 \\ -0.2857 & 0.8571 & 0 \\ 0 & 0 & 1 \end{bmatrix}$$

et de considérer $A_1 \in M_3$ et $B_1 \in \mathbb{R}^3$ comme suit

$$A_1 = \begin{bmatrix} 3 & 1 & 0 \\ 1 & 3 & 1 \\ 0 & 1 & 3 \end{bmatrix} \ et \ B_1 = \begin{bmatrix} 1 \\ 0 \\ 0 \end{bmatrix}.$$

Encore par les identités (5.5), (5.6) et (5.7) on obtient

$$X_2 = \begin{bmatrix} 0.4285 \\ -0.2857 \\ 0 \end{bmatrix} \ et \ H_2 = \begin{bmatrix} 0.3872 & -0.1614 & 0.0967 \\ -0.1614 & 0.4840 & -0.2902 \\ 0.0967 & -0.2902 & 0.7743 \end{bmatrix}.$$

Comme précedement, pour $k = 2$ on écrit

$$X_2 = \begin{bmatrix} 0.4285 \\ -0.2857 \\ 0 \\ 0 \end{bmatrix}, \quad H_2 = \begin{bmatrix} 0.3872 & -0.1614 & 0.0967 & 0 \\ -0.1614 & 0.4840 & -0.2902 & 0 \\ 0.0967 & -0.2902 & 0.7743 & 0 \\ 0 & 0 & 0 & 1 \end{bmatrix},$$

et on considère

$$A_2 = \begin{bmatrix} 3 & 1 & 0 & 0 \\ 1 & 3 & 1 & 0 \\ 0 & 1 & 3 & 1 \\ 0 & 0 & 1 & 3 \end{bmatrix} \quad et\ B_2 = \begin{bmatrix} 1 \\ 0 \\ 0 \\ 0 \end{bmatrix},$$

et ainsi de suite. Pour chaque étape, on doit vérifier que la condition $\|F(X_k)\| < \varepsilon$. Si on prend $\varepsilon = 10^{-3}$, alors pour $k = 6$ on obtient ce qui suit

$$X_6 = \begin{bmatrix} 0.3820 \\ -0.1459 \\ 0.0558 \\ -0.0215 \\ 0.0088 \\ -0.0049 \\ 0 \end{bmatrix},$$

$$H_6 = \begin{bmatrix} 0.3828 & -0.1465 & 0.0565 & -0.0223 & 0.0091 & -0.0034 & 0.0001 \\ -0.1465 & 0.4387 & -0.1688 & 0.0662 & -0.0274 & 0.0133 & 0.0017 \\ 0.0565 & -0.1688 & 0.4487 & -0.1750 & 0.0736 & -0.0425 & -0.0091 \\ -0.0223 & 0.0662 & -0.1750 & 0.4572 & -0.1944 & 0.1234 & 0.0316 \\ 0.0091 & -0.0274 & 0.0736 & -0.1944 & 0.5108 & -0.3393 & -0.0932 \\ -0.0035 & 0.0133 & -0.0425 & 0.1234 & -0.3393 & -0.9092 & 0.2575 \\ 0.0001 & 0.0017 & -0.0091 & 0.0316 & -0.0932 & 0.2575 & 1.3096 \end{bmatrix}$$

avec $\|F(X_6)\|^2 = 0.00005885$. On conclut donc que le vecteur

$$\widetilde{X_6} = (0.3820, -0.1459, 0.0558, -0.0215, 0.0088, -0.0049, 0, ...)$$

est une bonne approximation de l'unique solution de $AX = B$ et de la solution donnée explicitement dans la Proposition 5.2.

Conclusion

Ce travail représente, d'une part, une synthèse importante sur les méthodes quasi-Newton dans le cadre de la dimension infinie Hilbertienne et pour la résolution des problèmes de grande taille. L'auteur n'a pas manqué de donner quelques extensions intéressantes, concernant en particulier, les mises à jour de rang finis et les décompositions par blocs. D'autre part, deux applications importantes de ces méthodes, à la résolution des équations matricielles et des systèmes linéaires infinis ont été réalisé avec succès.

Bibliographie

[1] Abou-Kandil H., Freiling G., Ionescu V., Jank G., Matrix Riccati equations in control and systems Theory. Birkhauser Verlag, 2003.

[2] Anselone P.M., Palmer T.W., Collectively compact sets of linear opeartors, Pacific Journal of Mathematics, Vol. 25, $N°.3$, (1968), 417-422.

[3] Bartels R.H., Stewart G.W., Solution of the matrix equation $AX + XB = C$, Comm. ACM, 15 (1972), 820-826.

[4] Benahmed B., Méthodes de mètriques variables en dimension finie et infinie. Thèse de Magister,Université d'Oran (Algérie), 1991.

[5] Benner .P, Byers R., An exact line search method for solving generalized continuous-time algebraic Riccati equations. IEEE Trans. Automat. Control, 43 :101-107,1998.

[6] Benner P., Byers R., Quintana-Orti E.S., Quintana-Orti G., Solving algebraic Riccati equations on parallel computers using Newton's method with exact line search. Parallel Computing, 26 : 1345-1368, 2000.

[7] Benson H. Y., Shanno D. F., et Vanderbei R. J., A Comparative study of large-scale nonlinear algorithms, High Performance Algorithms and Software for Nonlinear Optimization, Gianni Di Pillo and Almerico Murli, Eds. Kluwer Academic Publishers, Norwell, MA 2003, 95-128.

[8] Blowey J. F., Craig A.W., Shardlow T., Frontiers in Numerical Analysis,Springer-Verlag Berlin Heidelberg 2003.

[9] Boggs P.T., Tolle J.W., Wang P., On the local convergence of quasi-Newton methods for constrained optimization, SIAM J. Control and Optimization, Vol. 20, $N°.2$, (1982), 161-171.

[10] Bonnans J.F.,Gilbert J.C.,Lemarechal C., Sagastizàbal C., Optimisation Numérique, Aspects théorique et practiques, Springer-Verlag Berlin Heidelberg New York, 1997.

[11] Broyden C.G., A class of methods for solving nonlinear simultaneous equations, Math. Comput., 19, (1965), 577-593,

[12] Broyden C.G., *Quasi-Newton methods and their applications to function minimization*, Math. Comp. 21 (1967), 368-381.

[13] Broyden C.G., Dennis Jr.-J.E., Moré, J.J., *On the local and superlinear of convergence quasi-Newton methods*, Math. Comput., 12, (1973), 223-246.

[14] Byrd R.H., Lu P., Nocedal J., et Zhu C., *A limited memory algorithm for bound constrained optimization*, SIAM J. Sci. Comput., 16, 1190-1208, 1995.

[15] Byrd R.H., Nocedal J., et Schnabel R.B., *Representations of quasi-Newton matrices and their use in limited memory methods*, Mathematical programming 63 (2, Ser.A) (1994), 129-156.

[16] Conn A.R., Gould N.I.M., Toint P.L., *LANCELOT : a Fortran package for large-scale nonlinear optimization. (Release A)*, N° 17, Springer Series in Computational Mathematics, Springer-Verlag, New York, 1992.

[17] Cooke R.G., *Infinite matrices and sequences spaces*, Macmillan and Co., London, 1949.

[18] Culioli J. Ch., *Introduction à l'optimisation*. Edition Ellipses, (1994).

[19] de Malafosse B., *Some new properties of sequence spaces, and application to the continued fractions*, Mat. Vesnik 53 (2001), 91-102.

[20] de Malafosse B., *On some BK space*, International Journal of Mathematics and Mathematical Sciences 28 (2003), 1783-1801.

[21] de Malafosse B., *The Banach algebra S_α and applications*. Acta Sci. Math Szeged 70 (2004), 125-145.

[22] de Malafosse B., *On the Banach algebra $B(l_p(\alpha))$*, Internat. J. of Math. Sci. and Math. Sc. 60 (2004), 3187-3203.

[23] de Malafosse B., *The Banach algebra $B(X)$, where X is a BK space and applications*, Mat. Vesnik 57 (2005), 41-60.

[24] Dennis Jr-J.E., *Toward a Unified Theory for Newton-like methods*, Nonlinear Functional and Applications, edited by L.B. Rall, Academic Press, New York, NY, pp.425-472, 1971.

[25] Dennis Jr-J.E., Moré J.J., *A characterization of superlinear convergence and its applications to quasi-Newton methods*, Math. Comput., 28, (1974), 549-560.

[26] Dennis Jr-J.E., Moré J.J., *Quasi-Newton methods, motivation and theory*, SIAM Review, 28, $N^0 1$, (1977).

[27] Dennis Jr-J.E., Schnabel R.B., *Numerical methods for nonlinear equations and unconstrained optimization*, Prentice-Hall, Englewood Cliffs, NJ, (1983).

[28] Fiacco A.V., McCormick G.P., *Nonlinear Programming : sequential unconstrained minimization technique*. J. Wiley, New York, (1968).

[29] Fletcher R., *An optimal positive definite update for sparse Hessian matrices*. SIAM Journal on Optimization, 5, 192-218, 1995.

[30] Fletcher R., Grothy A., Leyffer S., *Computing sparse Hessian and Jacobian approximations with optimal hereditary properties*. Technical report, Department of Mathematics, University of Dundee, 1996.

[31] Gay D.M., *Some convergence properties of Broyden's method*, SIAM J. Numer. Anal. 16 (1979), 623-630.

[32] Ghavimi A.R., Kenney C., Laub A. J., *Local convergence analysis of conjugate gradient methods for solving algebraic Riccati equations*. IEEE Trans. Automat. Control., AC-37(7) : 1062-1067, 1992.

[33] Gilbert J., Lemarechal C., *Some numerical experiments with variable-storage quasi-Newton algorithms*. Mathematical Programming, series B, 45, 407-435, 1989.

[34] Gill P. E., Murray W., and Nocedal M. A., *User's guide for SNOPT 5.3 : A Fortran package forlarge-scale nonlinear programming*, Technical report, Systems Optimization Laboratory, Stanford University, Stanford, CA, 1997.

[35] Griewank A. and Toint P.L., *Local convergence analysis of partitioned quasi-Newton updates*. Numerische Mathematik, 39, 429-448,1982.

[36] Griewank A. and Toint P.L., *Partitioned variable metric updates for large structured optimization problems*, Numerische Mathematik, 39, 119-137, 1982.

[37] Griewank A., *The local convergence of Broyden-like methods on lipschitzian problems in Hilbert spaces*, SIAM J. Numer. Anal. 24 (1987), 684-705.

[38] Gruver W.A., Sachs E.W., *Algorithmic Methods in Optimal Control*. Pitman Publishing limited, London. (1980).

[39] Guo C-H., *Newton's method for discrete algebraic Riccati equation when the closed-loop matrix has eigenvalues on the unit circle*. SIAM J. Matrix Anal. Appl., 20(2) : 279-294, 1998.

[40] Haubruge et Nguyen, *Remise à jour de type quasi-Newton préservant la structure diagonale.* Communication privée, 1994.

[41] Horwitz L.B., Sarachik P.E., *Davidon's method in Hilbert space,* SIAM J. Appl. Math. 16, N^{0}4 (1968), 676-695.

[42] Hwang D.M., Kelley C.T., *Convergence of Broyden's method in Banach spaces,* SIAM J. Optimization 2, N^{0}3 (1992), 505-532.

[43] Juang J., *Existence of algebraic matrix Riccati equations arising in transport theory.* Linear Algebra Appl., 230 (1999), 89-100.

[44] Juang J., Lin W.-W., *Nonsymmetric algebraic Riccati equations and Hamiltonian-like matrices.* SIAM J. Matrix Anal. Appl., 20 (1999), 228-243.

[45] Kantorovich L.V., *On Newton's method for functional equations,* Dokl Akad. Nauk SSSR 59 (1948), 1237-1240.   (in Russian)

[46] Kato J., *Perturbation theory for linear operators.* Springer-Verlag, Berlin (1980).

[47] Kelley C.T., Sachs E.W., *Broyden's method for approximate solution of nonlinear integral equations,* J.Integral Equations, 9, (1985), 25-43.

[48] Kelley C.T., Sachs E.W., *A quasi-Newton method for elliptic boundary value problems,* SIAM J. Numer. Anal. 24 (1987), 516-531.

[49] Kelley C.T., Sachs E.W., *Quasi-Newton methods and unconstrained optimal control problems,* SIAM J. Control and Optimization 23 (1987), 1503-1516.

[50] Kelley C.T., Sachs E.W., *A new proof of superlinear convergence for Broyden's method in Hilbert space,* SIAM J.Optimization, Vol.1, N°1,(1991),146-150.

[51] Kelley C.T., *iterative methods for linear and nonlinear equations,* SIAM, Philadelphia, Pennsylvania, (1995).

[52] Labbas R., de Malafosse B., *On some Banach algebra of infinite matrices and applications,* Demonstratio Matematica 31 (1998), 153- 168.

[53] Kim H-M., *Numerical methods for solving a quadratic matrix equation,* Ph.D. Thesis, Manchester University, Department of Mathematics, 2000.

[54] Lancaster P., Rodman L., *Algebraic Riccati Equations.* Oxford University Press, 1995. xvii+480 pp. ISBN 0-19-853795-6.

[55] Laub A. J., *A Schur method for solving algebraic Riccati equations*. IEEE Trans. Automat. Control., AC-24 : 913-921, 1979.

[56] Laumen M., *A Kantorovich Theorem for the Structured PSB Update in Hilbert Space*, J.O.T.A. Vol. 105, N°.2, pp. 391-415, May 2000.

[57] Liu D.C., Nocedal J., *On the limited-memory BFGS method for large scale optimization*. Mathematical Programming, 45, 503-528, 1989.

[58] Lûtkepohl H., *Handbook of Matrices*. John Wiley&Sons edition, 1996.

[59] Maddox I.J., *Infinite matrices of operators*, Springer-Verlag, Berlin, Heidelberg and New York, 1980.

[60] Malkowsky E., Jarrah Al., *Ordinary, absolute and strong summmability and matrix transformations* Filomat 17 (2003), 59-78.

[61] Man F.T., *The Davidon method of solution of the algebraic matrix Riccati equation*, Int. J. Control, Vol. 10, N°.6, (1969), 713-719.

[62] Martinez J.M., *Practical quasi-Newton methods for solving nonlinear systems*, Journal of Computational and Applied Mathematics, Vol 124, (2000), 97-121.

[63] Mokhtar-Kharroubi H., *Thèse troisième cycle*, Paris VI, juin 1976.

[64] Mokhtar-Kharroubi H., *Sur quelques méthodes de gradient réduit sous contraintes linéaires*, R.A.I.R.O. Analyse numérique/ Numerical Analysis, Vol. 13, N°2, 167-180, 1979.

[65] Mokhtar-Kharroubi H., *Sur la convergence théorique de la méthode du gradient réduit généralisé*, Numer. Math. 34, 73-85 (1980).

[66] Mokhtar-Kharroubi H., *Thèse doctorat Es-Science*, USTL Lille I, 1987.

[67] Mokhtar-Kharroubi H., *Cours de graduation, 4ème année DES Mathématiques, Analyse fonctionnelle appliquée et optimisation*.

[68] Morales J. L., *A numerical study of limited memory BFGS methods*. Appl. Math. Lett, 15, N°4, 481-487, 2002.

[69] Nash S.G., Nocedal J., *A Numerical study of the limited memory BFGS method and the truncated Newton method for large scale optimization*, SIAM J. Optim. 1, 358-372, (1991).

[70] Nocedal J., *Updating quasi-Newton matrices with limited storage*, Mathematical Programming 35, 773-782, 1980.

[71] Nocedal J., Wright S.J., *Numerical Optimization*. Springer-Verlag, New York, Inc.1999.

[72] Ortega J.M., Rheinboldt W.C., *Iterative solution of nonlinear variable equations in several variables*, Academic Press, San Diego, 1970.

[73] de Rotten B. V., Lunel S.V., *A limited memory Broyden method to solve high-dimensional systems of nonlinear equations*, Tech. Report MI 2003-06, Mathematical Institue, University of Leiden, Leiden, The Netherlands, 2003.

[74] Sachs E.W., *Broyden's method in Hilbert space*, Math. Programming 35 (1986), 71-82.

[75] Philipe Segalat, *Méthodes de points intérieurs et de quasi-Newton*, Thèse de doctorat de l'université de Limoges. Décembre 2002.

[76] Sherman J., Morrison W.J., *Ajustment of an inverse matrix corresponding to changes in the elements of a given comumn or a given row of the original matrix*, Ann.Math.Statist., 20, (1949), p.621.

[77] Stoer J., *Two examples on the convergence of certain rank-2 minimization methods for quadratic functionals in Hilbert space*. Linear Algebra and its Applications, 20, (1979), 217-222.

[78] Thapa M.N., *Optimization of unconstrained functions with sparse hessian matrices*, Ph.D. dissertation, Stanford University, Department of Operations Research, 1981.

[79] Thapa M.N., *Optimization of unconstrained functions with sparse hessian matrices- Quasi-Newton methods*, Mathematical Programming, Vol. 25, N°2, 158-182, 1983.

[80] Toint P.L., *A sparce quasi-Newton update derived variationally with has not diagonally weighted Frobenius norms*. Mathematics of Computation, 37, N°156, 425-433, 1981.

[81] Toint P.L., *On sparse and symmetric matrix updating subject to linear programming*. Mathematics of Computation, 31, 954-961, 1977.

[82] Toint P.L., *Towards an efficient sparsity exploiting Newton method for minimization*. In Sparse Matrices and Their Uses, Academic Press, New York, 57-87, 1981.

[83] Tokumaru H., Adachi N., Goto K., *Davidon's method for minimization problems in Hilbert space with application to control problems*, SIAM J. Control, Vol. 8, N°2, (1970), 163-178.

[84] Turner P. R., Huntley E., *Variable metric methods in Hilbert space with applications to control problems*, J.O.T.A, Vol. 19, N°.3, (1976), 381-400.

[85] Treil S.R., *Invertibility of Toeplitz operators does not imply applicability of the finite section method.* Dokl. Akad. Nauk SSSR 292 (1987), 563-567 Russian.

[86] Wen-huan Yu., *A quasi-Newton method in infinite-dimentional spaces and its application for solving a parabolic inverse problem.* Journal of Computational Mathematics, 16, $N^0 4$ (1998), 305-318.

[87] Wen-huan Yu., *A quasi-Newton approach to identification of a parabolic system.* J. Austral. Math. Soc. Ser.B, 40 (1998), 1-22.

[88] Winther R., *A numerical Galerkin method for a parabolic problem*, Ph.D. thesis, Departement of Computer Science, Cornell University, Ithaca, New York, 1977.

[89] Yamamoto T., *Historical developments in convergence analysis for Newton's and Newton-like methods.* Journal of Computational and Applied Mathematics, 124 (2000), 1-23.

[90] Zeidler E., *Nonlinear Functional Analysis and its Applications, Part I, Fixed-Point Theorems.* Springer-Verlag, (1986).